我国煤炭消费结构变动对碳强度的影响

赵硕嫱　著

中国财经出版传媒集团
中国财政经济出版社
北京

图书在版编目（CIP）数据

我国煤炭消费结构变动对碳强度的影响 / 赵硕嫱著. --北京：中国财政经济出版社，2023. 8
ISBN 978 -7 -5223 -2347 -3

Ⅰ. ①我… Ⅱ. ①赵… Ⅲ. ①煤炭－消费结构－影响－二氧化碳－排气－研究－中国 Ⅳ. ①F426. 21②X511

中国国家版本馆 CIP 数据核字（2023）第 120210 号

责任编辑：彭 波 责任印制：史大鹏
封面设计：卜建辰 责任校对：胡永立

我国煤炭消费结构变动对碳强度的影响
WOGUO MEITAN XIAOFEI JIEGOU BIANDONG DUI TANQIANGDU DE YINGXIANG
中国财政经济出版社 出版
URL：http：//www. cfeph. cn
E - mail：cfeph@ cfeph. cn

社址：北京市海淀区阜成路甲 28 号 邮政编码：100142
营销中心电话：010 - 88191522
天猫网店：中国财政经济出版社旗舰店
网址：https：//zgczjjcbs. tmall. com
北京财经印刷厂印刷 各地新华书店经销
成品尺寸：170mm × 240mm 16 开 9 印张 126 000 字
2023 年 8 月第 1 版 2023 年 8 月北京第 1 次印刷
定价：68. 00 元
ISBN 978 - 7 - 5223 - 2347 - 3
（图书出现印装问题，本社负责调换，电话：010 - 88190548）
本社质量投诉电话：010 - 88190744
打击盗版举报热线：010 - 88191661 QQ：2242791300

前　言

能源结构分为供给结构和消费结构，各种能源消费占总消费量的比例称为能源消费结构。一个国家的能源消费结构是由资源、经济、发展等情况决定的。由于我国煤炭资源丰富，开采技术成熟，使用安全可靠，价格相对较低，因此我国能源消费结构长期以煤炭为主。但这种能源消费方式直接导致二氧化碳（CO_2）排放量增加，造成环境污染严重，可以看出，优化能源结构是大势所趋。与此同时，核能、水电等清洁能源短期内难以在社会生产的各个领域普及。产业与能源之间关系紧密且复杂，因此，应对煤炭消费的产业结构和能源结构进行调整以控制二氧化碳排放。基于我国煤炭消费的产业结构、能源结构和碳强度变动特征，分析煤炭消费结构变动与碳强度间的内在联系，探究煤炭消费结构优化对“十四五”规划中碳强度目标的影响程度，根据煤炭消费结构低碳化评价结果明确现阶段我国煤炭消费结构低碳优化的方向和路径，对我国煤炭消费结构进行优化模拟，为煤炭消费结构优化提供量化参考。本书具体研究内容和结论如下：

（1）提出了Kaya改进模型。结合Kaya恒等式从“产业—能源”角度构建碳强度因素分解模型。研究分析表明，煤炭消费比例、其他清洁能源消费比例是影响碳强度变化的主要因素，我国应侧重于优化调节煤炭消费结构，使煤炭消费结构趋于合理，进而降低能源消费总量，实现碳强度目标。

（2）提出了碳强度目标灵敏度模型。根据碳强度因素分解过程建立碳强度目标灵敏度模型和碳强度灵敏度矩阵，通过模型建立与分析2025年我国煤炭消费减少1个百分点分别完全由石油、天然气、其他清洁能源替代，将分别使碳强度降低 0.1671%、0.297%、0.7476%。

（3）构建了煤炭消费结构低碳化水平评价指标体系。利用最优组合赋权探究 2006~2017 年我国煤炭消费结构低碳化水平。经评价分析我国现阶段低碳化水平逐渐提升，低碳产出和低碳消耗两条曲线呈上升趋势，但低碳排放曲线上升趋势不明显。

（4）构建了煤炭消费结构低碳优化模型。构建煤炭消费结构低碳优化模型，对 2025 年煤炭消费结构进行多目标优化。根据优化结果，最优能源强度方案，能够圆满完成“十四五”节能减排、经济增长的可持续发展目标。

作者

2023 年 3 月

变量注释表

C	碳排放量
E	能源消费总量
Esi	第 i 种能源消费占能源消费总量的比重
fi	第 i 种能源的碳排放系数
e_i	第 i 种能源的碳排放系数
AL	活动水平
c_j	含碳量
$\eta_{i,j}$	氧化率
D	碳强度
Yi	第 i 产业的国内生产总值
ID	煤炭消费的产业碳强度
I	能源强度
F_j	能源碳排放系数
X_i	煤炭消费、能源消费总量、经济增长、产业结构、技术进步、人口
β_i	煤炭消费、能源消费总量、经济增长、产业结构、技术进步、人口自变量的系数
δ	随机误差项
α_0	待估参数
α_j	待估参数
r_{iy}	自变量 X_i 对因变量 Y 的总影响
p_{iy}	自变量 X_i 对因变量 Y 的直接影响
CF_i	第 i 产业的煤炭综合碳排放系数
$TD_i^{CF}(1\%)$	煤炭消费分别变动 1 个百分点对碳强度的影响
$TD_i^{I}(1\%)$	能源强度分别变动 1 个百分点对碳强度的影响
$\phi_{i,t}^{CF}$	煤炭消费灵敏度系数

$\phi_{i,t}^{I}$	能源强度灵敏度系数
γ_i	第 i 种能源消费比例对能源消费 GDP 的产出弹性
B_{ij}	评价指标
e_j	第 j 个指标的熵值
w_j	第 j 个指标的权值
v_p	组合权系数
ζ_i	分配系数

目录

第1章 绪　论

1.1 问题提出

多目标最优化思想最早于1896年提出，主要从政治经济学的角度把本质上不可比较的许多目标化成单个目标的优化过程，属运筹学范围。其涉及经济、管理、军事、科学和工程设计等领域，能源优化配置属管理领域。煤炭消费结构对碳强度的影响及其优化的研究涉及领域较为广泛。首先，它属于结构优化模型，用以分析煤炭消费结构未来发展方向；其次，作为模型的约束条件，可为最优目标的实现提供理论和现实依据。

我国能源消费结构主要以煤炭为主，消费比重长期稳定在60%以上，能源结构多样性发展形势缓慢；煤炭消费引起的二氧化碳排放（碳排放）占总排放量的绝对比重，成为碳排放的主要来源。2014年11月发布的《能源发展战略行动计划（2014~2020）》提出了2020年我国煤炭消费总量控制的能源发展要求：在保证社会经济稳定的背景下，应减少煤炭消费（比重），提高石油、清洁能源等其他能源消费（比重）。《“十四五”现代能源体系规划》指出：“十四五”时期是为力争在2030年前实现碳达峰、2060年前实现碳中和打好基础的关键时期，必须协同推进能源低碳转型与供给保障，加快能源系统调整以适应新能源大规模发展，推动形成绿色发展方式和生活方式，进一步降低碳强度。研究煤炭消费结构变动对碳强度的影响，对于低碳能源的绿色发展具有重要意义。

针对煤炭消费结构变动对碳强度的影响研究，学者们将研究重点聚焦于两个方面：一是煤炭消费的产业结构对碳排放的影响，认为碳减排的关键在于优化高耗煤行业的产业结构；二是能源结构优化，大多学者的研究成果表明现阶段我国能源结构发展不平衡，应优化我国以煤为主的能源结构以缓解碳排放现状。对于煤炭消费结构变动的碳减排研究仍存在有待完善之处，主要包括：

（1）针对煤炭消费结构不合理性研究较少。多数研究集中于能源结构的定性分析，采用统计分析方法探究能源结构的发展路径，无法进行主客观评价，且结果缺乏公平性，忽略了从产业结构及能源结构角度同时考虑煤炭消费结构低碳化，难以明确改进重点。

（2）对于煤炭消费的结构效应分析较为单一。多数研究集中于分析结构效应与碳排放的关系，仅从产业结构角度或能源结构角度探讨其对碳排放的影响，且无法从煤炭消费角度考虑产业碳排放、能源碳排放及各影响因素间的相互关系。

（3）针对煤炭消费结构变动对碳排放的影响研究层面较为浅显。其体现为煤炭消费结构变动的影响因素方面，多数研究仅采用煤炭消费（比重）或清洁能源消费（比重）用以表示能源结构，忽略了产业结构和其他因素对煤炭消费的影响，无法系统、全面地分析能源结构、产业结构和煤炭消费的相互影响及其与碳排放的内在联系。

（4）对于构建煤炭消费结构优化模型的研究较为笼统。现阶段调整煤炭消费结构，促进能源体系建设是大势所趋，多数研究集中于探讨目前我国能源结构的不合理性，对于煤炭消费结构的研究较少，侧重于考虑经济产出因素，没有将技术进步、人口等因素纳入煤炭消费结构优化模型中，研究成果的应用价值具有局限性。

1.2　国内外研究现状及评述

煤炭消费结构对碳强度的影响及其优化的研究涉及领域较广。煤炭消费结构优化模型属于结构效应优化模型，能源消费结构表示各项能源（如煤炭、石油、天然气、电力、核能、太阳能、生物质能等）占能源总量的比例，而煤炭消费总量约为中国能源消费总量的2/3，因此应对国内外的能源消费结构优化模型的研究现状进行分析，从中发现以煤为主的能源消费结构在社会发展中的趋势和走向。煤炭消费结构优化属于对煤炭消费总量的优化，因此通过对国内外煤炭需求现状的分析为煤炭消费结构研究奠定理论基础。将降低碳强度作为煤炭消费结构优化模型的目标函数，可为优化能源结构、产业结构转型升级提供方法和思路。

1.2.1 煤炭消费相关研究

对煤炭消费总量进行合理控制，不仅是中国政府首次在能源战略实施控制方面的创举，而且在全球能源发展史上也是罕见的，必将助力我国国民经济和社会高质量发展。煤炭是能源结构中最为重要的组成部分，煤炭消费总量的控制是实施能源消费控制战略性政策的核心。一方面，可以加速能源转型，进而推动我国经济发展模式和经济结构的转型升级，实现以低碳能源代替高碳能源的能源发展格局；另一方面，控制煤炭消费总量是促进我国能源消费结构转型、减少碳排放的重要手段，可以推动工业、建筑、交通、公共机构等重点领域的节能降耗，同时促进环境保护、资源节约和气候变化目标的实现。煤炭消费总量控制这一战略性能源政策的提出，已经引起了学术界的广泛关注。

（1）煤炭消费总量调整相关内容研究。

Luo 等（2016）运用统计分析和情景预测模型研究了温室气体排放和煤炭消费的关系，研究表明 2020 年和 2030 年我国煤炭消费总量目标依次为 40 亿吨和 45 亿吨[1]。林卫斌（2016）结合我国煤炭消费调整的相关措施，建立了多维度煤炭消费总量调整措施模型，研究表明我国当前降低煤炭消费措施主要依赖于政策制定、价格管理机制的形成[2]。Yang 等（2016）分析了煤炭消费总量调整对能源消耗和温室气体减排的影响，结果表明降低煤炭消费总量在减少温室气体排放方面发挥了 17% ~40% 的作用[3-4]。董聪（2018）指出解决目前我国大气污染问题的关键是减少化石能源消耗，同时提高产业结构与能源结构协同发展水平，压减高耗能产业能耗，从而进一步抑制二氧化碳排放，实现节能减排目标[5]。李鹏涛（2017）以目前我国能源发展过程中出现的主要问题为切入点，基于目标性原则和系统性原则，对我国煤炭消费总量控制进行研究[6]。张军等（2017）系统梳理了我国煤炭消费总量控制政策的实施过程，具体分为政策制定、政策试用、政策实施三个层面，研究指出应利用科技创新探究能源替代技术[7]。

（2）煤炭消费总量调整的约束条件研究。

曲剑午（2012）基于"十三五"规划节能减排政策对煤炭消费总量进行研究，探讨了碳减排与煤炭消费总量的依赖性，基于煤炭的需求侧和供给侧将碳排放约束、煤炭消费总量约束和煤炭生产总量约束共同纳入碳减排目标模型[8]。张有生等（2015）基于我国各地域间关系，探究温室气体排放和可再生能源控制约束下省级区域间煤炭消费总量目标的优化路径，同时提出现阶段促进我国能源低碳发展的实施方案[9]。肖德等（2016）基于经济—能源—二氧化碳排放的内在联系，分析了在全球应对气候变化的低碳发展背景下，经济增长、能源消费和二氧化碳排放三者关系将影响全球经济的发展，尤其针对以中国为主的发展中国家[10]。李倩琪（2019）在经济发展新常态的形势下，对现阶段煤炭产能过剩、大气污染物排放、清洁能源消费比重较小等问题进行详细阐述，分析指出应通过减少经济成本、优化能源消费内部结构降低煤炭消费总量，实现低碳能源可持续发展[11]。

（3）调整煤炭消费总量对不同行业的影响研究。

张扬等（2015）分析了煤炭消费总量调整对我国省级高耗煤行业的影响，研究煤炭在产业经济发展中的地位，实证分析煤炭市场价格波动对高耗煤行业的传导效应，结果表明煤炭消费总量的降低更易导致电力、热力等高耗煤部门的成本和价格变化[12]。潘文卿等（2017）基于三次产业的能源消费结构分析各行业的能源消费情况，以此为基础研究能源消费总量调整对不同行业经济产出的影响，提出有针对性的改革措施[13]。杨书娴（2017）综合利用 LEAP 模型和情景预测模型，以电力行业为研究对象分析能源结构和温室气体排放间的内在联系，基于历史数据计算"十三五"期间的国内经济总值、煤炭消费总量、可再生能源总量、温室气体排放总量等数据，指出实现能源消费结构多元化是降低温室气体排放的关键[14]。

（4）不同区域的煤炭消费总量研究。

大力压减煤炭消费总量是我国优化能源消费结构，促进经济—社会—环境可持续发展的重要举措。由于煤炭消费占我国能源结构的绝对比例，调整煤炭消费总量在一定程度上对我国经济发展产生较大影响。刘晓龙等（2019）运用统计分析模型，基于我国煤炭消费现状和环境现状对 2020 年我国煤炭消费总量进行了分析预测，提出了通过节能提效优先的方式，推动可再生能源及核电等清洁能源的使用，大幅降低散烧煤，最终实现能源替代的能源发展路径[15]。谢和平等（2019）利用弹性系数法预测了 2025 年我国能源消费总量及煤炭总消费量，提出在考虑经济成本的基础上实现煤炭消费总量控制主要在于节能增效、实现能源替代和促进产业结构升级。杨武等（2018）结合区域性能源、环保、碳排放的规划约束指标，首先对武汉市煤炭消费总量、二氧化碳排放、空气质量现状进行分析，研究得出二氧化碳排放是当前实施区域煤炭消费总量调整的最高约束，武汉市全市煤炭消费总量应低于 2061 万吨标准煤；其次对比分析了武汉市各行业煤炭消费现状，有针对性地对武汉市电力、水泥等行业提出了降低煤耗量的建议措施[17]。

1.2.2 气候变化问题相关研究

（1）国外相关研究综述。

Kinzig 等（1998）于 1998 年首次提出二氧化碳排放的约束性目标，在全球范围内发展低碳经济，并对不同区域、不同领域、不同时期实行相应的碳减排战略，具体包括通过适当的政策倾斜和财政补贴来减少碳排放成本，提倡低碳生活方式解决二氧化碳排放的历史失衡问题，探究和寻找人类共同减排的最优解决办法。着眼未来，人类应将健康低碳的生活方式贯穿于生产生活的始终，或者采取一定程度的碳抵消措施来达到平衡，进一步实现低碳经济可持续发展[18]。Hwang 等（2014）采用时间序列模型研究 1965 ~ 2006 年印度尼西亚能耗总量、碳排放与经济发展之间的短期和长期因果关系，结果显示，能耗总量与碳排放之间具有双向因果关系，经济增长与能耗总量和碳排放存在单向因果关系，且无反馈效应。由此可知，在不破坏经济发展的前提下，应大力推行有利于能源体系的可持续发展战略和二氧化碳减排政策[19]。Shahbaz 等（2016）结合 Granger 因果检验法以 1972～2013 年为研究期间对发展中国家的碳强度、资源投入及 GDP 的关系进行了对比分析，研究显示经济产出是引发孟加拉国和埃及等国家碳排放增加的重要推动因素，同时也是引发菲律宾、土耳其及越南等国家能耗总量增长的主要原因[20]。

Imran 等（2019）采用稳健的两步系统广义矩量法（GMM）分析研究了亚洲经济体可再生能源与非可再生能源的使用及经济增长对碳排放的影响，通过模型构建，分析表明发展中国家自然资源的枯竭和人口压力的增加都是导致碳排放的因素，亚洲发展中国家要实现碳减排目标，应提升可再生能源比重，促进经济转型发展[21]。Dinh 等（2019）根据《巴黎协定》制定的国际协议，设立不同情景模式下的碳减排目标以解决日本日益严峻的气候问题，研究结果表明，在弹性约束情景下，2020 年日本碳排放总量可减少 42%；在最佳组合弹性情景下，2020 年日本碳排放总量可减少 34%[22]。Appiah 等（2018）综合运用滚动相关系数和协整分析法探究 1960～2015 年加纳资源投入、国内生产总值及温室气体排放间的内在联系，研究数据表明资源投入和温室气体排放间存在双向 Granger 因果关系[23]。

（2）国内相关研究综述。

大多数学者关于气候变化及二氧化碳排放层面的研究成果如下：武义青等（2015）分析“十一五”至“十二五”期间国内各省区市的大气污染物排放、能源消费总量、产业构成情况及地区差异，结果显示，随着经济的发展，能源消费量和大气污染物排放量均显著提高，比例为 1∶0.7299，表明降低能源消耗即可减少温室气体尤其是二氧化碳的排放，低消耗低排放高产出的经济发展方式是国民经济可持续发展的客观要求，同时也符合低碳经济发展趋势。武红等（2011）以 1980～2009 年为研究期间对国内各省区市的大气污染物排放、能源结构和国内经济总值三个方面进行脱钩分析，研究表明不同地区能源结构、大气污染物排放和国内经济总值的脱钩指数均存在较大差异。李影（2015）根据脱钩原理以1995~2012年为研究期间，考察了我国29个省区市能耗总量、碳排放与经济产出间的关系，研究表明我国西部地区因肩负经济、资源开发的历史重任，经济增长严重依赖于能源消耗，脱钩指数最高；作为老工业基地的东北地区，重工业所占比例较大，经济产出也高度依赖于能源消耗，脱钩指数次之；中部地区地势平坦，具有一定的种植优势，经济产出与能源消耗间存在较低的相关性，因此我国中部地区的脱钩指数低于西部、东北地区。

大部分学者采用计量经济方法将经济增长因素考虑其中，分析能源结构、经济产出与大气污染间的内在影响。部分研究指出能源消费与国民经济发展并无相关关系，翟石艳等（2013）采用适用于小样本估计的ARDL法和Granger协整分析，研究“十二五”时期上海、江苏地区国民经济发展、碳强度和能源消费总量的关联性，研究指出经济增长对碳排放的影响由于地域和产业结构不同而存在差异，就目前我国以煤为主的能源消费结构来讲，能源消费与碳排放始终呈现正比例关系，但碳排放与能源消费间无双向内在联系，不具备从能源消费、碳排放量至经济产出的单向因果关系，因此减少煤量消耗，合理使用替代能源将促进国民经济发展[27]。任晓航等（2015）综合考虑协整检验模型和计量经济模型，以1985~2013年为研究期间，探讨碳强度、可再生能源比重和国内生产总值的相关性，研究表明三者具有单向格兰杰因果关系[28]。王仲瑀（2017）结合协整检验模型研究了“十二五”期间我国华中地区各省区市国民经济产出、煤炭消费、石油消费、清洁能源消费及碳强度间的内在影响，研究表明经济产出与能源构成、经济产出和碳减排间存在单向因果关系，由于煤炭消费的刚性特征，经济增长长期依赖于能源消费，调整能源消费结构并不会影响华中地区经济产出增速[29]。

但部分学者认为降低能源消费将影响经济增长，如杨子晖（2011）利用“有向无环图”与递归分析方法，以1990~2005年为研究期间探究经济增长、能源消费、二氧化碳排放间的关系，研究发现三者具有紧密的相关性，表明实现碳减排目标会导致经济增速减缓，我国在完成相对减排任务的同时，应重视结构效应协调原则，综合考虑经济与能源消费可持续发展的均衡性[30]。郑义等（2016）结合格兰杰因果检验法分析“十二五”时期我国碳减排、国民经济发展和能源消费总量的内在影响，研究表明能源消费总量与国民经济发展、碳减排与国民经济发展三者呈现双向 Granger 因果关系，能源消费总量和碳减排因素为单向 Granger 因果关系，由此可见节能控排政策在一定程度上会对经济产出产生影响[31]。汪潇等（2019）将 2000～2018 年作为研究期间，建立在险价值模型探讨资金投入、能源消耗总量和国民经济产出间的内在关系，研究指出资金投入、能源消耗总量与国民经济产出具有长期协整关系[32]。通过文献调研可知，现阶段多数学者基于国民经济产出、结构效应、科技创新、人口规模等角度探究各因素与碳排放间的内在关系，如表 1.1 所示。

表 1.1　碳排放的主要影响因素

影响因素	作者	时间	方法
经济增长、能源消费、能源结构	Zhou Chunshan[33] Kim Yong - Gun[34] Yuan Rong[35]	2018 2015 2018	协整检验 结构分解 投入产出方法
考虑了技术进步	张兵兵[36] 张翠菊[37]	2017 2016	地理加权平均模型 空间面板计量模型
考虑了产业结构	王喜[38] 孙艳芝[39] 张伟[40]	2016 2017 2015	LEAP 模型 投入产出方法 投入产出方法
包括人口因素在内	Das Aparna[41] 方齐云[42]	2014 2017	投入产出方法 计量模型

1.2.3　能源结构优化问题相关研究

（1）国外相关研究综述。

能源消费总量的整体上升引发二氧化碳排放量的提升，由于能源利用效率提升范围具有局限性，大力削减能源消费总量在一定程度上使得经济增速减缓，优化能源消费结构，增加核能、水电等清洁能源占比，进而降低经济增长对化石能源的过度依赖成为节能减排的重点。Cruz 等（2016）

对20世纪90年代初德国、法国、意大利等发达国家的能源结构和大气污染物排放的动态数据进行对比分析，结果显示，德国、法国、意大利等发达国家依靠削减碳密集型产业数量和提高行业能源效率等方式降低能源消耗总量，通过减少碳密集产业和提高行业能源效率、调整能源结构和排放系数，以降低大气污染物排放总量[43]。Zhou等（2018）利用协整分析模型对我国温室气体排放和煤炭消费的关系进行分析，分析显示煤炭消费占比是温室气体排放量增加的直接原因[33]。

多数研究一致认为，在不影响经济增长的前提下，应推进使用可再生能源、清洁能源代替煤炭、石油等一次能源。例如，Kerr等（2014）的研究表明，加拿大、瑞典作为经济发达国家之一，具有经济增长快、社会福利高等特点，但在温室气体排放上存在明显差异，这是由于加拿大经济支柱产业为自然资源业、制造业和服务业，人口数量约为瑞典的四倍，导致能源消费急剧增加，瑞典在经济增长过程中注重科技创新以及政府扶持，对能源消费的依赖性相对较小[44]。Shin（2014）以韩国为研究对象，探究该国国民经济发展与二氧化碳排放现状，研究结果显示调整能源结构和降低能源消耗是进一步降低二氧化碳排放量的主要途径[45]。

Ozbugday等（2015）对1971～2009年世界主要碳排放国家的产业结构、能源结构、工业发展水平、能源利用效率和温室气体排放现状进行分析，分析结果表明，实现风能、水电等清洁能源替代煤炭、石油等一次能源，有利于降低温室气体排放[46]。Mert等（2016）对《京都条约》中各国家的清洁能源利用情况和碳排放现状进行分析比较，指出各国应提高可再生能源的消费比重，以减少温室气体排放达到碳排放目标[47]。Moutinho等（2016）研究结果表明，实现可再生能源替代化石能源是降低碳排放总量的主要方式，增强可再生能源在电力部门中的应用将直接影响环境库兹涅茨曲线的形成路径[48]。

也有学者指出应该用能源替代方式调整能源消费结构，即用相对清洁的天然气、一次电力等能源取代煤炭，但能源替代也具有一定的局限性。Dutta等（2016）根据1960～2010年30个国家的面板数据，运用因果检验分析等方法，考察国民经济发展与大气污染排放和能源结构变动的内在联系，并从宏观布局角度提出利用可再生能源代替高污染、高消耗的高碳能源，促进能源结构优化的建议，为经济转型提供理论基础[49]。Meng 等（2018）通过对我国现阶段能源消费总量和能源结构的现状分析可知，根据“十三五”规划节能减排的能源发展目标，大力削减煤炭消费比重，逐步加强清洁能源替代是实现我国能源低碳化建设、完成节能减排目标的最有效途径[50]。

另外，也有研究对可再生能源代替不可再生能源产生的环境效应产生怀疑。Johansson 等（2017）指出钢铁行业作为能源消耗大户，对煤炭、石油等一次能源消耗量普遍偏高，采用核能、太阳能等清洁能源代替煤炭、石油等高碳能源可进一步降低钢铁行业的 CO_2 排放总量，但由于可再生能源与化石能源对于 CO_2 排放的测算方法存在差异，使在低碳能源替代高碳能源使用的过程中，所得 CO_2 排放量结果也存在差异。若采用能源转化的方式，将木材资源通过技术改造升级形成可利用天然气资源，并将其应用于工业生产中代替高碳能源的使用，此时木材资源的利用将降低温室气体排放，若将木材指定为有限资源且不能完全发挥其用途时，则木材燃烧反而促使温室气体排放量大幅提高[51]。Jiang 等（2017）针对全国各地区碳排放情况讨论影响碳排放变动的关键因素，构建具有地区差异的计量经济模型，研究结果表明地区经济发展、能源结构及资源禀赋具有差异性，导致区域间的碳排放总量存在显著差异[52]。Amri（2017）以阿尔及利亚为研究对象，建立边界协整检验模型，讨论 20 世纪初该国温室气体排放、一次能源消费结构及清洁能源间的相互影响效应，研究显示一次能源消费对碳排放影响极大，但清洁能源消费比例的提升并没有对生态环境改善产生明显的促进作用[53]。Baul 等（2018）考察了世界经济发展相对落后地区的生活能源消耗和产业结构、能源结构中，煤炭、天然气、一次电力与温室气体排放间的内在联系，研究结果表明，经济发展相对落后国家对不可再生能源的使用频率相对较高，从而导致以木材为主的生活能源消耗占能源消耗总量的绝大部分，进而导致温室气体排放量提升。随着人类环保意识的增强，全球应积极遵守《京都议定书》所倡导的降低温室气体排放目标，推动生物能源使用的普遍性和可替代性[54]。学者们对于生物燃料是否能减少温室气体排放问题进行了深入讨论，如 Sterman 等（2018）将生物燃料和化石燃料作为研究对象，比较分析两者产生的温室气体排放总量，通过建立生物燃料成长周期理论框架，结合生物燃料和化石燃料历史数据，得出主要结论为：木材利用率远低于煤炭利用率，实现木材替代并没有促进温室气体排放量的减少[55]。

（2）国内相关研究综述。

近年来，单位 GDP 能源消费量的降低对减少我国碳强度的影响较为明显，由于产业结构转型、科技创新等诸多因素的影响，在未来很长时间内国民经济发展不能完全实现与能源消费脱钩，将导致能源强度降低趋势过于缓慢，因此对高碳能源的减量替代、优化能源消费结构是未来我国实现碳减排目标和能源强度目标的重要环节。研究过程中因地域范围不同、数据获取时间和来源不同、所用方法不同，研究者所得出的结论也不尽相同。部分学者认为，由于国民经济增长对能源消费的高度依赖性，我国能源结构将在未来相当长的时间内以煤炭消费为主，因此对减少碳排放量的影响不明显。例如，邓吉祥等（2014）研究“十二五”规划期间我国碳排放总量的动态趋势，发现通过国家宏观调控及政府扶持，能源结构对碳排放有较大影响，但由于煤炭消费的刚性特征使能源结构内部消费比例变化微弱，因而对碳排放不存在较大影响[56]。韩晶等（2015）以 2005 年为基期，依据空间计量模型探究各地区高耗煤行业碳排放总量的相关影响因素，研究显示能源结构对碳减排影响并不显著[57]。

也有学者表明能源结构是实现碳减排目标的重要因素之一。例如，马大来等（2015）引入空间权重矩阵分析“十二五”期间我国碳排放效率的主要影响因素，研究得出能源消费结构能有效控制碳排放效率[58]。唐志鹏等（2017）基于科技创新、人口规模、国民经济发展水平等方面进行多维度地理加权回归分析，探究上述因素对我国各省区市碳排放效率的影响效应，研究显示科技创新、人口规模、国民经济发展水平对碳排放效率的影响因地域不同，其影响效果存在显著区别[59]。韩梦瑶等（2017）结合面板数据 SUR 模型探究我国同其他国家碳排放影响因素的差异性，通过研究分析可知各种因素对不同国家的具体影响程度不同，但对各国来说核能、水电、太阳能等清洁能源消费比例的提升可促使碳减排的进一步降低[60]。赵巧芝等（2018）将碳排放强度的影响因素分为三种：一是规模因素，包括经济、人口规模；二是结构因素，包括产业结构和能源消费结构；三是技术因素，包括国内外能源替代技术研发与利用。通过空间效应模型实证分析了三种因素对我国各区域碳强度的影响，结果显示，经济规模和产业结构调整因素对区域碳强度关系密切，技术进步因素对区域碳强度产生较强的抑制作用[61]。

目前已有部分研究达成共识，认为影响国内能源效率低、碳排放量大的主要原因是能源消费结构极其不合理，煤炭消费长期占据主导地位。针对现阶段我国能源消费结构的不合理性研究，主要分为以下两个方面：一是运用定性分析手段来分析能源结构的不平衡问题。例如，邢国光（2017）研究表明我国能源结构具有创新能力较弱、科技水平不高、地域分布不均、能源利用率较低等问题[62]；李南锟等（2017）研究表明我国清洁能源及可再生能源利用效率较低，同时煤炭等化石能源利用率上升不明显[63]。也有学者结合模糊综合评价法、主层次分析法等评价方法，基于多角度多层次对我国能源消费结构的不合理性进行评价。例如，赵硕嫱等（2019）从能源“双控视角”构建多目标优化模型对现阶段我国现阶段能源消费结构的均衡性进行了分析[64]。

我国能源结构有很强的重塑空间，减少碳排放量潜力较大。多数研究侧重于利用 BP 神经网络、趋势外推等预测模型探究未来我国能源消费结构，结合空间面板数据分析技术进步、人口规模等因素对碳减排的贡献潜力。例如，王锋等（2011）利用 BP 神经网络和马尔科夫预测建立情景分析模型预测能源消费结构的变动趋势，在多情景条件下探讨能源结构变动对碳强度的影响[65]；王平等（2013）通过情景分析模型多角度综合考虑能源结构优化对区域碳强度目标的影响[66]；何立华等（2015）建立基于情景分析、灰色关联度和多元非线性拟合模型探究“十三五”期间山东省的能源消费量，研究能源消费结构变动对山东省碳强度的贡献，该模型的主要贡献在于拓展了贡献潜力的研究范围，在综合考虑各因素对碳强度的影响时摒弃了冗余要素对碳强度的影响[67]。也有专家利用统计分析建立多元回归模型研究能源结构与碳排放的内在影响。例如，殷秀清等（2019）以制造业为例，运用多元回归模型探究 2000 ~ 2016 年我国 30 个省区市的能源消费结构的均衡性，研究结果显示环境政策的实施对碳减排具有明显的促进效应[68]。

碳夹点分析法作为整合区域能源结构的方法之一，在优化能源结构、明确产业结构转型目标中起到了关键作用。例如，梁琳琳等（2015）利用该技术明确碳排放限制下我国对天然气等低碳能源的需求量，研究表明为达成“十三五”规划节能减排目标，我国天然气、一次电力等低碳能源消费比例应进一步提升，能源消费总量应控制在 46 亿吨标准煤范围内[69]。同时，少数专家采用多目标规划分析一次能源消费比例。例如，范德成等（2013）构建基于碳强度最优的多目标规划模型，将国民经济产出、能源消费总量、煤炭、石油、天然气比重纳入模型约束条件，得出能源结构最优解[70]；李爽等（2015）基于能源消费总量、碳排放最小化目标，将技术进步、劳动力水平、城市化纳入约束条件构建动态规划模型，探究我国“十三五”时期能源结构的发展路径[71]；柴建等（2016）建立基于煤炭与能源发展关系的多目标规划模型，探讨一次能源消费结构最优发展模式，研究得出煤炭、石油、天然气和一次电力消费结构比例为 51.51%，31.33%，8.86%，8.30%[72]；翁智雄等（2019）以稳定经济增长为前提，建立我国能源体系预测模型，利用情景分析法优化一次能源结构，研究不同情景下的能源消费总量和产业布局[73]。

1.2.4 研究评述

国内外学者主要采用分解模型、计量经济法等对煤炭消费结构、气候变化问题及能源结构优化问题均做了理论研究与系统性分析，并涵盖了能源、产业等结构效应的微观层面影响，研究成果较为丰富。其具体表现为：在气候变化方面，大多学者将科技创新、产业结构、人口规模、能源效率、劳动力水平等因素作为影响碳排放的主要因素，指出实现碳减排的关键在于优化高耗煤行业的产业结构；在能源结构优化方面，多数研究明确指出当前的能源消费结构发展极其不平衡，应优化我国以煤为主的能源结构缓解碳排放现状。尽管前人对于产业结构和能源结构的研究较为完善，但仍有一些尚待完善之处，主要体现在以下几个方面：

（1）针对煤炭消费结构不合理性研究较少。多数研究集中于能源结构的定性分析，采用统计分析方法探究能源结构的发展路径，忽略了从煤炭消费角度探讨煤炭消费结构的低碳发展方向；对于结构评价的研究仅选取人口、城市化等单一指标，没有考虑基于煤炭消费—产业结构—能源结构的能源绿色体系构建思路；大多研究表明低碳化是未来煤炭消费结构的发展趋势，但受限于现有评价指标体系及模型，忽略了从产业结构及能源结构角度同时考虑煤炭消费结构低碳化。

（2）对于煤炭消费的结构效应的研究较为单一。多数研究集中于分析结构效应（能源结构和产业结构）与碳排放的关系，但多数研究仅从产业结构角度或能源结构角度探究其对碳排放的影响，忽略了煤炭消费的产业结构碳排放、以煤为主的能源结构碳排放及各影响因素的内在联系，且难以全面探究产业及能源结构内部的煤炭消费碳排放情况。

（3）针对煤炭消费结构变动对碳排放影响的研究层面比较浅显。一是在贡献度层面，多数研究仅从单一层面考虑能源结构变动或产业结构变动对煤炭消费碳排放的贡献度；二是在煤炭消费结构的影响因素层面，多数研究仅考虑煤炭消费（比例），清洁能源消费（比例）表示能源结构，忽略了产业结构和其他因素对煤炭消费结构的影响，无法系统、全面地分析能源结构、产业结构和煤炭消费的相互影响及其与碳排放的内在联系。

（4）对于构建煤炭消费结构优化模型的研究较为笼统。现阶段调整煤炭消费结构，促进能源体系建设是大势所趋，大多学者集中于探讨目前我国能源结构的不平衡性，对于煤炭消费结构的研究较少，多数研究构建表征能源结构的单一指标或表征产业结构的单一指标进行定量研究，仅侧重于考虑经济产出因素，没有将技术进步、人口等因素纳入煤炭消费结构优化模型中，研究成果的应用价值具有局限性。在构建能源结构控制模型方面，多数学者集中于运用较为简易的目标规划法，没有兼顾“产业—能源”结构角度优化煤炭消费结构。在优化模型构建过程中，多数研究仅将建立基于大气污染排放最少或能源消耗最少的单目标模型，现阶段，在我国强调节能减排、煤炭消费总量控制及能源强度控制的新形势下，多数研究没有考虑产业结构、能源结构和其他影响因素对煤炭消费结构的影响及其与碳减排的关系。

1.3 研究内容及意义

1.3.1 研究内容

根据国内外的研究现状可以看出，针对目前结构效应对于碳强度影响的科学问题展开的研究成果层出不穷，但多数研究仅针对产业结构或能源结构层面进行分析，无法全面分析煤炭消费结构对碳强度的影响。基于我国煤炭消费的产业结构、能源结构和碳强度变动特征，分析煤炭消费结构变动与碳强度间的内在联系，探究煤炭消费结构优化对“十四五”规划中碳强度目标的贡献度，根据煤炭消费结构低碳化评价结果，明确现阶段我国煤炭消费结构低碳优化的方向和路径，对我国煤炭消费结构进行优化模拟。具体研究的内容如下：

（1）针对我国煤炭消费结构变动对碳强度的影响进行分析。关于碳排放因素的分解，现有研究成果多数针对产业或能源单一角度的分析研究，无法从煤炭消费视角体现产业结构与能源结构内在联系及两者对碳强度的影响。运用Kaya方程构建煤炭消费产业结构碳强度因素分解模型和以煤为主的能源结构碳强度因素分解模型，采用通径分析方法探究煤炭消费结构与其影响因素间的内在联系，进而从产业结构角度和能源结构角度研究煤炭消费结构对碳强度的总影响、直接影响和间接影响。

（2）煤炭消费结构变动对“十四五”规划碳强度目标的灵敏度分析。在碳强度影响因素研究方面，多数学者集中于单一影响因素的定性分析，没有考虑各影响因素的内在影响效应，在研究现阶段我国能源结构不合理性问题时，仅考虑煤炭消费（比重）或清洁能源消费（比重）表示能源结构。构建碳强度目标灵敏度模型，分别测算煤炭消费产业结构优化、能源结构内部优化和减少煤炭消费的灵敏度。

（3）对我国现阶段煤炭消费结构的合理程度进行评价。多数研究对于指标评价方法的选取仅结合单一的评价方法，对于权重分配具有较强的主观性。建立煤炭消费结构低碳化评价指标体系，用以评价现阶段我国煤炭消费结构的合理程度，结合最优组合赋权方法，探究目前我国煤炭消费结构低碳化水平。

（4）对我国煤炭消费结构低碳优化模型进行构建及模拟。关于煤炭消费结构优化的研究大多侧重于能源结构角度的优化，构建优化模型时仅考虑单一目标，并不符合当前节能减排原则。因此，将经济增长、能源内部消费比例、二氧化碳排放、技术进步等纳入优化模型中，建立我国煤炭消费结构低碳优化模型，对2025年的煤炭消费结构进行多目标优化，并提出我国煤炭消费结构低碳优化策略。

1.3.2 研究意义

大力压减煤炭消费占比，达到结构效应最优，提高清洁能源消费比重，促进煤炭消费结构低碳化发展是实现能源体系绿色低碳发展的关键。综上所述，基于国内外研究成果，对煤炭消费结构、低碳化等进行明确阐述，测算煤炭消费结构及各影响因素对“十四五”规划中碳强度目标的贡献程度，构建煤炭消费结构低碳优化模型，对我国煤炭消费结构优化的碳减排效应进行分析，进而提出我国煤炭消费结构低碳优化策略。以上工作的完成，具有重要的理论意义和现实价值。

（1）理论意义。

在煤炭消费结构对碳强度影响方面，探究直接耗煤产业、间接耗煤产业和能源结构内部比例与碳强度的直接和间接关系，系统地分析了煤炭消费结构变动对碳强度内在影响，具有创新性和突破性；在碳强度因素分解方面，建立煤炭消费产业结构的因素分解模型和基于以煤为主能源结构的因素分解模型，拓展了碳排放因素分解的研究范围；在煤炭消费结构对碳强度目标的贡献潜力方面，构建基于产业结构优化、能源结构优化和减少煤炭消费的碳强度灵敏度模型，丰富了碳减排因素分析理论；在影响效应研究方面，运用通径分析方法探究煤炭消费结构及其他影响因素对碳强度的总影响、直接影响和间接影响，完善扩充了碳减排领域的研究方法。

（2）现实价值。

我国作为全球最大的工业化国家，工业化发展主要依赖于化石能源的需求与利用，尤其是对煤炭的大量消耗。现阶段，在一次能源消费结构中，煤炭消费比重仍占据主要地位，同时，高耗煤产业的煤炭需求使我国煤炭使用总量大幅提升，以煤为主的能源结构和以高耗煤产业为主的产业结构都促使煤炭成为我国经济发展的主要推动力。石油是我国应用广泛的第二大化石能源，就目前而言，我国石油产出水平基本趋于稳定，无明显增长迹象，在一定程度上无法满足我国日益增长的化石能源需求，因此，石油供应渠道更多依赖于进口，面对变幻不定的国际形势，难以保证其供应渠道的稳定性。清洁能源作为新兴能源，更依赖于技术进步，更新升级成本较高，短期内难以在社会生产生活领域全面应用。煤炭作为主要能源，在未来很长一段时期内均会占据关键地位，但我国煤炭开采的有限性和不平衡性不足以满足未来经济发展和企业生产的需要，且煤炭的过度使用会导致大量的二氧化碳和其他污染物的产生。“十四五”规划明确提出节能减排和低碳化发展的战略性目标，因此，合理规划煤炭在能源结构、产业结构的比重，对我国构建低碳化能源体系、实现能源可持续发展有着重要意义。

研究煤炭消费结构变动对碳强度的影响，在一定程度上为我国低碳能源建设、低碳经济建设和生态环境建设等战略体系的构建提供理论基础。总的来说，构建“产业—能源”层面的煤炭消费结构碳强度因素分解模型，综合考虑煤炭消费的产业结构碳排放因素与以煤为主的能源结构碳排放因素的内在联系，有利于增强产业结构与能源结构的发展路径协同性；构建煤炭消费结构低碳优化模型，表明我国能源体系绿色低碳的发展方式，对我国能源经济可持续发展和煤炭资源高效利用可提供一定的理论基础和经验借鉴。

1.4 研究方法及技术路线

1.4.1 研究方法

我国煤炭消费结构变动对碳强度的影响及其优化的研究方法主要包括最优组合赋权法、因素分解、通径分析、岭回归分析、多目标规划等方法。

(1) 因素分解。

根据 Kaya 方程，结合 LMDI 分解法分别从产业结构角度和能源结构角度，构建因素分解模型，全面分析煤炭消费结构、能源消费总量、人口规模影响因素与我国碳强度的内在联系。

(2) 通径分析。

探究煤炭消费的产业结构及以煤为主的能源结构对碳强度的影响效应，结合通径分析方法，利用总通径效应、直接通径效应和间接通径效应依次解释碳强度与直接影响因素和间接影响因素间的影响效应关系，煤炭、石油、天然气、其他清洁能源与碳强度间的影响效应关系，以及各影响因素内部的影响效应关系。

(3) 岭回归分析。

经分析可知，煤炭消费结构、能源消费总量、技术进步等因素与碳强度呈现高度相关关系，为解决多重共线性问题，保证回归系数的可靠性，结合岭回归分析法构建拟合方程，对回归模型进行合理估计。

(4) 最优组合赋权法。

为综合反映现阶段我国煤炭消费结构的合理程度，即我国煤炭消费结构低碳化水平，结合粗糙集理论和熵值法确定客观组合权重，提出最优组合赋权法，评价现阶段我国煤炭消费结构对碳强度的影响。

(5) 多目标规划。

结合"十四五"规划的节能控排战略，将节能、控排作为目标函数，将国民经济发展、煤炭消费比例、天然气消费比例、技术进步等约束纳入目标优化模型，构建我国煤炭消费结构低碳优化模型，以期为我国能源体系建设、煤炭消费结构的可持续发展路径提供参考和理论支持。

1.4.2 技术路线

从煤炭消费的产业结构和以煤为主的能源结构视角，综合分析煤炭消费结构变动对碳强度的影响，研究煤炭消费结构优化对实现碳强度目标的贡献潜力，以明确我国现有的煤炭消费结构低碳化水平能否实现碳强度目标，进而制订煤炭消费结构低碳优化方案。本书的技术路线如图1.1所示。

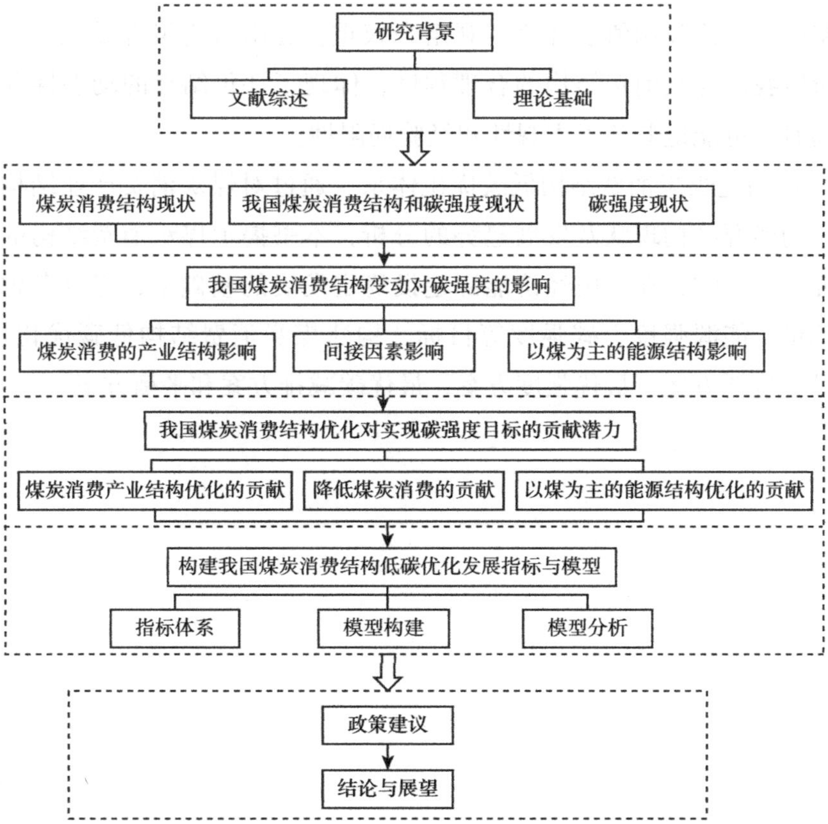

图1.1 本书的技术路线

1.5 创新之处

本书的创新之处主要体现在以下几个方面。

(1) 从灵敏度视角探究煤炭消费结构对碳强度的影响程度。本书总结分析碳强度的直接影响因素和间接影响因素，结合通径分析方法探究各影响因素间的影响效应及其与碳强度间的直接影响效应和间接影响效应，着重分析产业结构优化、能源结构内部比例优化和降低煤炭消费比例对碳强度的贡献。

(2) 基于最优赋权方法得出煤炭消费结构低碳化评价指标权重。本书结合粗糙集理论和熵值法计算客观组合权重，提出最优组合赋权方法，评价现阶段我国煤炭消费结构的合理程度，体现了评价结果的动态性和有效性，同时尽可能地避免了主观性和经验局限性。

(3) 构建煤炭消费结构低碳优化体系。通过对煤炭消费产业结构和以煤为主的能源结构现状及发展趋势的分析，本书揭示煤炭消费结构的变动对碳强度的影响，在国民经济能源建设稳定发展的基础上，综合考虑能源消费总量、能源强度、碳强度等目标，构建煤炭消费结构低碳优化模型，获得最优能耗方案、最优强度方案、最优碳减排方案和平衡方案。

第 2 章　煤炭消费结构和碳强度现状

为兑现《巴黎协定》中提出的碳减排承诺，我国政府在能源可持续发展、经济转型升级层面出台了一系列战略性举措，且将“节能减排”作为我国能源发展的基本国策。在政策实施方面，“十二五”期间分别制定了节能目标、减排目标：节能目标为能源强度须降低 15%；减排目标为大气污染物排放总量须降低 10% 左右。根据《能源发展“十三五”规划》《“十四五”现代能源体系规划》，到 2025 年，非化石能源消费比重提高到 20% 左右，非化石能源发电量比重达到 39% 左右，电气化水平持续提升，电能占终端用能比重达到 30% 左右非化石能源消费比重。在 2030 年达到 25% 的基础上进一步大幅提高等约束性目标，可见，实现能源低碳可持续发展的目标任重而道远。优化煤炭消费结构以促进碳强度目标的实现，首先应阐述说明我国煤炭消费结构现状和碳强度现状。

2.1　相关概念界定

在研究煤炭消费结构变动对碳强度的影响时，本书运用了煤炭消费结构、低碳化、煤炭消费结构低碳优化等概念，为便于理解，在此进行明确界定。

2.1.1　煤炭消费结构

煤炭消费结构可分为以煤为主的能源消费结构及煤炭消费的产业结构。

能源结构可分为能源供给结构和能源消费结构[74-75]。能源消费结构可理解为煤炭、石油、天然气、太阳能、生物质能、水电核能等各种能源的消费数量占全部能源消费量的比重。其中，煤炭的二氧化碳排放量最高，石油、天然气次之，水电、核能等为零碳能源[76]。本书的能源结构是指能源消费结构。煤炭消费产业结构是指直接耗煤行业和间接耗煤行业的比例关系。根据《中国统计年鉴2019》中按行业分能源消费量（2017）章节，对直接、间接耗煤产业进行定义和划分。直接耗煤产业是指将煤炭作为主要燃料的产业，主要以工业、建筑业为代表，如钢铁、建材产业等；间接耗煤产业是指将煤炭作为原始燃料经能量转化成另一种能源使用的产业，主要以农林牧渔业、服务业为代表，如新能源产业、交通运输业、邮政业等。在探究煤炭消费结构对碳强度的影响时，一方面，侧重煤炭消费及其他能源消费在能源消费总量中所占比例及其对碳强度的直接影响与间接影响；另一方面，将煤炭消费产业结构作为整体，寻找能导致其变化的关键因素及其与碳减排的关系。

2.1.2 低碳化

“低碳经济”来源于21世纪初欧洲发行的《我们能源的未来：创建低碳经济》，是指以较少的资源投入和环境污染获得更高的经济产出，该书并没有阐述和揭示其实际内涵。随着世界经济的快速发展，低碳经济理论日趋成熟，低碳经济的涵盖范围逐渐延伸。莫神星（2012）指出，低碳经济的本质内容在于增强能源利用效率，采用技术进步等手段促进低碳能源可持续发展[77]。伍华佳（2011）指出，低碳经济的核心是一场借助于技术和政策手段从而促进经济增长的能源革命[78]。谢菲等（2014）表明，低碳化是一种依靠现有技术、政策作支撑，以减少二氧化碳排放为约束，在能源、交通、建筑、农业、工业、服务、消费等领域实现低能耗、低污染、低排放[79]。陈兵等（2014）认为，低碳经济的实质是对碳排放权的优化配置，是人类活动产生的必然结果，且低碳经济不等同于零碳经济[80]。靳祥锋（2017）根据我国供给侧结构性改革政策和区域性低碳发展影响因素分析，基于区域性角度提出了碳减排约束下提高低碳经济产出的发展目标，表明低碳化的内涵在于大力削减二氧化碳排放从而改善不容乐观的大气污染现状[81]。谢志祥等（2017）利用投入产出效应模型研究低碳经济，表明低碳经济的实质是通过较少的资源投入获得相对更多的资金收益[82]。

总体而言，碳减排路径总体表现在两个方面：首先为绝对减排路径（限定温室气体排放总量）；其次为相对减排路径（保持温室气体排放总量增长速度低于经济发展增长速度）。联合国气候变化框架公约的《京都议定书》表明，世界范围内均具有完成碳减排目标的职责，但发达国家与发展中国家的职责范围存在差异，就中国而言，由于我国属于世界最大的发展中国家，无履行绝对碳减排目标的职责[83]。综上所述，在煤炭消费结构变动对碳强度影响的研究中，低碳化在广义层面可定义为以保证经济增长为前提，进一步降低污染物排放和资源投入，从而实现低碳产出、能源高效利用和较少环境压力的可持续发展[84-85]；低碳化在狭义层面是指碳强度，为二氧化碳排放总量与国民经济发展水平的比值。

2.1.3 煤炭消费结构低碳优化

煤炭消费结构变动是指研究期间内煤炭消费结构的动态变化趋势。煤炭消费结构优化是指为了实现能源、经济和生态的最优发展，将经济产出、资源利用效率等作为约束条件，借助市场调节、政策实施和技术进步等方式优化煤炭消费的产业结构及以煤为主的能源结构。煤炭消费结构优化的最终目标是实现低碳化，对于我国制定的综合性能源发展战略而言，煤炭消费结构低碳优化的概念可分为狭义层面和广义层面，狭义层面是指通过减少高污染、高耗能、低能效的煤炭消费，增加低污染、低耗能、高能效的替代能源使用，以实现低碳化；广义层面可解释为通过科技创新和政策引导改善煤炭消费结构，达到低污染、低消耗、高能效目标，实现能源体系绿色健康发展。

2.2 我国煤炭消费结构现状

2.2.1 煤炭消费总量及能源消费结构

（1）以煤炭消费为主的能源结构。

在能源经济发展过程中，我国能源消费量巨大，煤炭消费在能源消费中占绝对比重。由图 2.1 可知，自 2006 年以来我国煤炭消费量始终占据总能源消费量的 60% 以上，最高达到了 72.4%，煤炭消费总量由 2006 年的 207402 万吨标准煤增至 2017 年的 270911 万吨标准煤。煤炭长期以来是我国能源结构中最为关键的不可再生能源，也是我国不可或缺的、应用范围最广的主要能源之一，煤炭消费比重过大是目前我国能源结构存在的主要问题[86]。我国二氧化硫（SO_2）、烟（粉）尘等污染物产生的主要来源为煤炭消费，与此同时，煤炭消费产生的碳排放量占碳排放总量绝对比重，可达 90% 左右，大力压减煤炭消费占比是我国现阶段实现节能减排目标的关键。

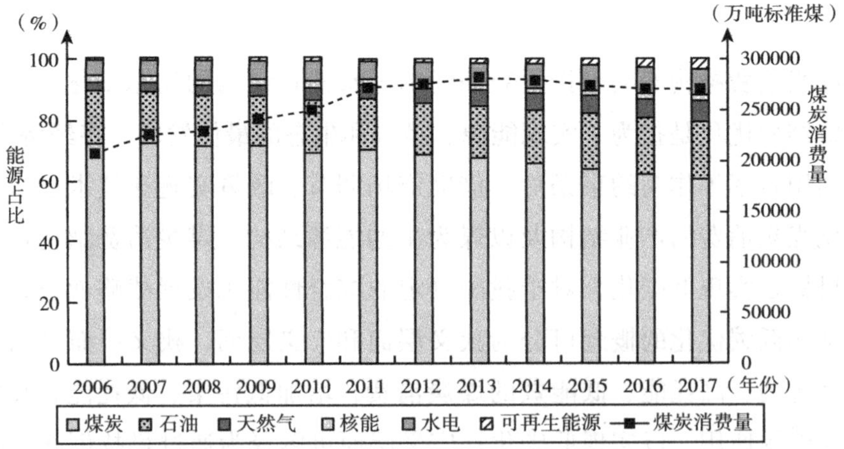

图 2.1 2006～2017 年我国煤炭消费总量与能源消费结构

我国石油消费比例变化趋势较为平缓，自2009年以来略有上升，长期稳定在18%左右，总体上在17%～19%之间小幅波动，但上升的空间有限，表明我国新能源的发展相对缓慢；天然气、核能、水电及可再生能源消费所占比例微弱，2006～2015年四者比例相加均未高于总体比例的17%，但整体而言呈逐年上升趋势，尤其是核能、可再生能源的消费比重微乎其微；我国核能、水电及可再生能源等其他清洁能源的消费比重在2011年以前变动较为平缓，但2012年开始增长态势显著，2017年达到约13.3%。天然气、核能、水电及可再生能源等清洁能源消费比重基础过于薄弱，在未来的发展过程中仍会遇到很多困难[87]。综上分析可知，现阶段我国能源结构可持续发展的路径为着重提升核能、水电等清洁能源消费比例，推动能源结构转型升级，提高煤炭利用效率，进而实现能源建设低碳化目标，优化以煤为主的能源结构。

2017年世界及主要国家能源消费结构状况如表2.1所示，我国以煤为主的能源结构特征尤为显著。由表2.1可知，中国能源消费结构的整体情况与发达国家相比稍有劣势。其中，中国煤炭消费占比为60.22%，远远超过世界煤炭消费水平（27.6%）。巴西、法国、俄罗斯三国侧重于对清洁能源的利用与消耗，其中，巴西的石油消费与水电消费占比为46.31%、28.55%，均高出世界水平；法国作为世界上石油和核能资源较为丰富的国家之一，2017年两者消费比重依次为33.31%、37.94%，并且在未来很长时期内都将核能利用作为能源建设的主要目标；俄罗斯的天然气资源相对丰富，作为其他国家天然气资源的主要来源地，俄罗斯不仅将天然气用于出口贸易，同时更将天然气作为本国能源消费的主体，2017年俄罗斯天然气消费占比高达53.39%。由世界及主要国家的能源结构分析可得，能源结构相对合理的国家包括美国、德国和法国，且能源结构主体均为清洁能源。

清洁能源方面，我国清洁能源消费占比低于世界平均水平。与以天然气、核能等清洁能源为主体的其他国家相比，我国以煤为主的能源结构直接导致了CO_2等温室气体的产生，阻碍了生态经济的可持续发展。中国对煤炭的大量消费已经不符合当前社会的发展要求，在经济全球化的背景下，美国、俄罗斯等发达国家的能源发展模式具有借鉴作用，坚持低碳绿色的能源发展方式是现阶段实现节能减排目标最为关键的步骤[88]。与欧美等发达国家相比，我国的能源消费结构还需要进一步优化，加强能源替代，促进我国能源建设和生态建设的绿色发展。

表 2.1　2017 年世界及主要国家能源消费结构

国家	煤炭	石油	天然气	核能	水电	可再生能源
中国	60.22%	19.46%	6.59%	8.4%	8.4%	3.55%
美国	14.91%	40.58%	28.61%	8.63%	3.02%	4.25%
巴西	5.65%	46.31%	11.02%	1.22%	28.55%	7.28%
法国	3.92%	33.31%	16.21%	37.94%	4.67%	3.96%
俄罗斯	12.08%	21.82%	53.39%	6.63%	6.03%	—
德国	21.41%	35.64%	21.12%	5.18%	1.38%	13.3%
世界	27.6%	34.19%	23.32%	4.43%	6.83%	3.64%

能源消费弹性系数是能源消费量年均增速与国民经济年均增速的比值，用以表示国民经济发展与能源消费的密切程度，该数值越大表明国民经济发展与能源消费的密切程度越高，反之，两者密切程度越小。改革开放以来，我国粗放型的经济发展方式使得经济增长与能源消耗具有高度相关性，能源消耗总量的快速提升在很大程度上带动了国民经济水平的提高，但由于我国能源利用效率普遍偏低，致使我国能源消费弹性系数较高。如图 2.2 所示，我国能源消费弹性系数最大值约为 0.76，研究期间均保持在 0.5 左右，测算结果表明经济增长高能耗现象较为显著。从煤炭的消费量弹性系数来看，煤炭消费量弹性系数的年均数值约 0.5。具体而言，煤炭消费量弹性系数超过 0.5 的年份共有 5 年（2006 ~ 2007 年、2009 ~ 2011 年），这是由于 2006 ~ 2011 年以重工业为主的直接耗煤产业产值占国内生产总值比例不断上升，最高达到 47.4%，而对应的高新技术产业等间接耗煤产业比重则出现连续下降趋势，直接耗煤产业的煤耗量远高于其他产业，使得煤炭消费量进一步提高。

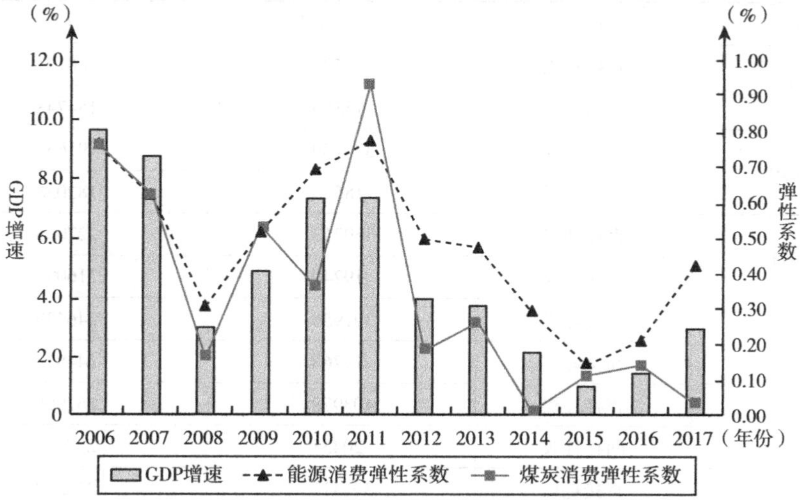

图 2.2　经济增长与消费弹性系数趋势

（2）煤炭消费的产业结构。

如表 2.2 所示，我国直接耗煤产业的煤炭消费量占其总量的绝对份额，始终保持约 90% 的占比。总的来说，2006 ~ 2012 年直接耗煤产业的煤炭消费量上升趋势显著，2013 年达煤炭消费量峰值为 403978 万吨，所占比例约煤炭消费总量的 95.2%；2013 ~ 2017 年，直接耗煤产业煤炭消费呈现减缓趋势，研究期间内削减 9995.5 万吨/年，2016 年我国直接耗煤产业的煤炭消费总量为 363980 万吨，约占煤炭消费总量的 94.44%。2006 ~ 2017 年我国间接耗煤产业的煤炭消费量呈上升趋势，2017 年已达 19510.17 万吨。

表 2.2　2006 ~ 2017 年我国产业结构煤炭消费量

年份	产业	煤炭（万吨）	产值（亿元）
2006	直接耗煤	226121	104362
	间接耗煤	13096	91760
2007	直接耗煤	245838	126634
	间接耗煤	12804	115811
2008	直接耗煤	266177	149957
	间接耗煤	14919	136806

续表

年份	产业	煤炭（万吨）	产值（亿元）
2009	直接耗煤	280524	160172
	间接耗煤	15309	154748
2010	直接耗煤	330459	191630
	间接耗煤	18549	182038
2011	直接耗煤	369713	227039
	间接耗煤	19249	216099
2012	直接耗煤	391958	246439
	间接耗煤	19768	244822
2013	直接耗煤	403978	261956
	间接耗煤	20458	277959
2014	直接耗煤	391411	277572
	间接耗煤	20203	308059
2015	直接耗煤	376528	280560
	间接耗煤	20487	344075
2016	直接耗煤	363980. 43	296547
	间接耗煤	20579. 91	383365
2017	直接耗煤	366213. 08	334622
	间接耗煤	19510. 17	427031

2. 2. 2 能源消费结构多元化趋势

引用能源消费结构多元化系数概念说明能源结构的变化趋势，用以反映研究期间我国以煤炭为主的能源结构演变过程。设煤炭、石油、天然气、核能、水电及可再生能源的占比表示 CP、OP、GP、NP、HP、RP，则我国能源消费结构多元化系数如式（2. 1）所示[90]：

$$ECSDC = \frac{CP}{CP} + \frac{OP}{CP} + \frac{GP}{CP} + \frac{NP}{CP} + \frac{HP}{CP} + \frac{RP}{CP} \tag{2.1}$$

采用 2006～2017 年我国煤炭、石油、天然气、核能、水电及可再生能源消费与能源消费总量的比值数据代入式（2. 1），可得能源消费结构多元化系数，如图 2. 3 所示。由于我国煤炭消费的绝对比例，石油、天然气等其他能源消费比例相对偏低，可知 ECSDC 数值越高，说明能源消费结构越均衡。

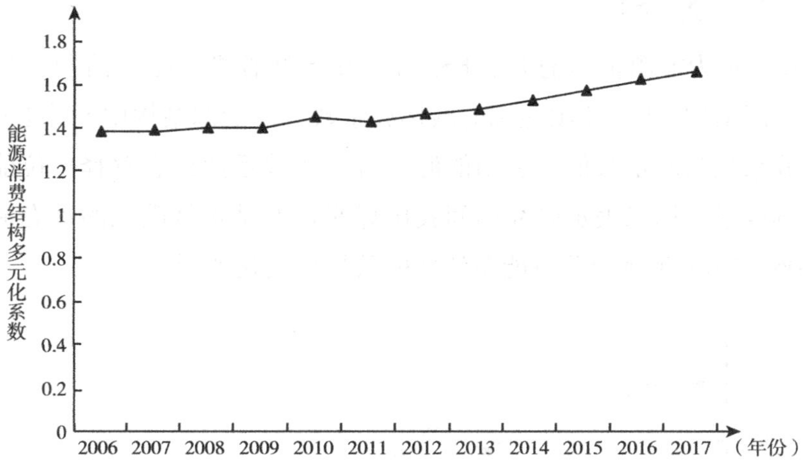

图 2.3　2006 ~ 2017 年我国能源消费结构多元化演变过程

由图 2.3 可知，自 2006 年以来，我国煤炭消费所占比例偏高，始终处于能源的主体地位，能源消费结构多元化系数变动趋势不明显。具体来说，2006 ~ 2007 年 ECSDC 数值虽呈现小幅度下降但大体趋于稳定，自 2011 年以来，煤炭消费比重呈逐年降低趋势，天然气、核能等清洁能源消费比重逐年提升，即 2006 ~ 2017 年我国能源消费结构多元化系数值逐年提升，年均提升 1.51 个百分点。这是由于 2006 年我国处于工业化中期发展阶段，重工业产业占据直接耗煤产业的主导，伴随社会经济的转型升级，我国步入工业化后期，新型工业化特征显著，以重工业为主的直接耗煤产业结构占比开始呈现逐年降低趋势，经济发展重心逐渐向信息化产业、高新技术产业和新能源产业倾斜，导致煤炭消费量急速削减，天然气、核能等清洁能源的消费量显著提升[89]。

2.2.3　煤炭消费结构低碳化变动

引入能源消费碳排放的核算公式进一步说明碳排放与煤炭消费、石油消费、天然气消费、核能消费、水电消费及可再生能源消费间的关系，如式（2.2）所示：

$$C = E \times \sum_{i=1}^{6} ES_i f_i \tag{2.2}$$

其中，E 为能源消费总量；ES_i 为 i 项能源消费占能源消费总量的比例，指能源结构；f_i 为 i 项能源的碳排放系数。设能源结构中 i 项能源消费的碳排放系数为既定数值，引用能源综合碳排放系数概念解释单位能源消费的碳排放量，用以表示研究期间我国煤炭消费结构低碳化的动态演变过程。2006～2017 年我国单位能源消费的碳排放变化如图 2.4 所示。

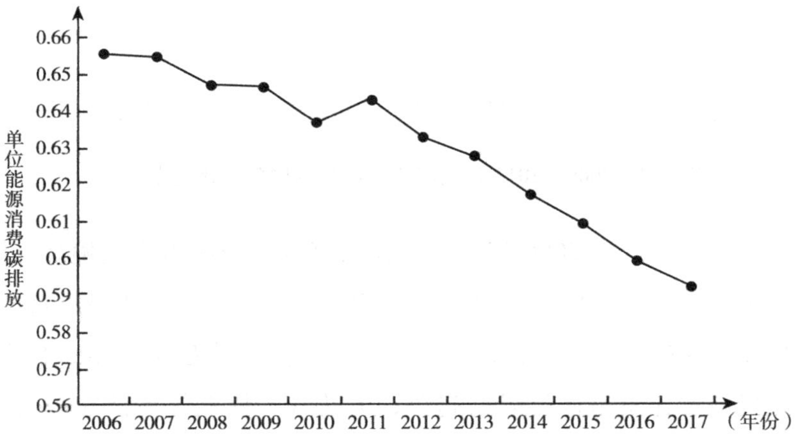

图 2.4　2006～2017 年我国单位能源消费碳排放的发展方向

由图 2.4 可知，2006～2010 年我国单位能源消费的碳排放量始终稳定在 0.69tc/tce 左右；自 2011 年以来，单位能源消费的碳排放量呈显著减少态势，至 2017 年单位能源消费的碳排放量降为 0.578tc/tce。究其原因，主要在于我国正处于工业化后期阶段，钢铁、建材等重工业产业煤炭消耗比重大幅降低，经济发展逐渐向低能耗、高效益的服务业转变。由此可知，能源综合碳排放系数的发展方向与能源消费结构多元化系数的发展方向吻合，以上两项指标均可表明研究期间我国煤炭消费结构的发展趋势。

2.3　我国煤炭消费结构碳强度现状

自 2006 年以来，我国煤炭、石油、天然气消费产生的 CO_2 排放占 CO_2 排放总量的 90% 以上，以上三种能源消费活动成为我国最为直接的碳排放源，因此，我国能源结构的碳排放趋势可解释我国碳排放总量的总体趋势，与此同时，国民经济发展对能源结构的依赖程度普遍偏高。在测算以煤为主的能源消费结构的碳排放时，侧重分析煤炭、石油、天然气的碳排放量现状，同时将核能、水电及可再生能源考虑在内，由于核能、水电及可再生能源的消费占比较小，统计三者合计的碳排放量，即称为其他清洁能源碳排放。

2.3.1　核算方法及数据处理

（1）核算方法。

对于能源结构的碳排放量计算公式，如式（2.3）所示：

$$C_p = \sum_{i=1}^{4} e_i f_i \tag{2.3}$$

其中，C_p 为能源结构产生的碳排放量；e_i 为 i 项能源消费量，i = 1，2，3，4，解释为煤炭、石油、天然气、其他清洁能源；f_i 为 i 项能源的碳排放系数。

对于产业结构碳排放量的测算可根据《IPCC 国家温室气体清单指南》，二氧化碳排放测算公式如式（2.4）、式（2.5）所示：

$$C_{eu} = \sum_{i,j} AL_{i,j} \cdot EF_{i,j} \tag{2.4}$$

$$EF_{i,j} = c_j \cdot \eta_{i,j} \cdot 44/12 \tag{2.5}$$

在式（2.4）、式（2.5）中，C_{eu} 为产业结构导致的碳排放量；AL 为活动水平，EF 可解释为排放因子，i 解释为产业结构，j 为能源种类，由于研究内容主要为煤炭消费产业结构的碳排放，取 j = 1，c_j 为含碳量，$\eta_{i,j}$ 解释为氧化率。碳强度 D 为二氧化碳排放总量与国民经济的比值，也可解释为单位国内生产总值的碳排放，式（2.3）、式（2.4）经过公式转换得出的碳强度公式，如式（2.6）所示：

$$D = \frac{C}{Y} \tag{2.6}$$

（2）数据处理。

《BP 世界能源统计年鉴 2019》统计了 2006 ~ 2017 年我国煤炭、石油、天然气、其他清洁能源的消费量，基于此，核算 2006 ~ 2017 年我国以煤为主的能源结构碳排放总量。式（2.4）中，采用能源消耗量数值表示活动水平。

①各能源的碳排放系数。如表 2.3 所示，关于各能源碳排放系数计算的参考数据较为丰富，但现阶段不同研究机构关于能源碳排放系数的测算结果存在差异，在此采用国家发改委能源所对于能源碳排放系数的测算结果。

表 2.3　能源碳排放系数的测算结果　（tc/tce）

研究机构	DOE/EIA	日本能源经济研究所	中国工程院	国家环保局	国家科委	国家发改委能源所
煤炭	0.702	0.756	0.68	0.748	0.726	0.7476
石油	0.478	0.586	0.54	0.583	0.583	0.5825
天然气	0.389	0.449	0.41	0.444	0.409	0.4435
其他清洁能源	0	0	0	0	0	0

②能源消费结构比例及国内生产总值。煤炭、石油、天然气、其他清洁能源消费量及国内生产总值可通过《BP 世界能源统计年鉴 2019》《中国统计年鉴 2019》直接获取，如表 2.4 所示。

表 2.4　2006 ~ 2017 年我国能源消费量与 GDP

年份	能源消费量（万吨标准煤）				GDP（亿元）
	煤炭	石油	天然气	其他清洁能源	
2006	207402	50132	7735	21199	219029
2007	225795	52945	9343	23358	270844

续表

年份	能源消费量（万吨标准煤）				GDP（亿元）
	煤炭	石油	天然气	其他清洁能源	
2008	229237	53542	10901	26931	321501
2009	240666	55125	11764	28571	348499
2010	249568	62753	14426	33901	411265
2011	271704	65023	17804	32512	484753
2012	275465	68363	19303	39007	539117
2013	280999	71292	22096	42525	590422
2014	279329	74090	24271	48116	644791
2015	273849	78673	25364	52019	686450
2016	270208	80627	27021	57964	743586
2017	271196	84412	31430	61962	827122

③含碳量、氧化率及排放因子。煤炭、石油、天然气、其他清洁能源的含碳量、氧化率可根据《IPCC 国家温室气体清单指南》得出，具体数据如表 2.5 所示。

表 2.5　　燃烧质量参数

燃料	净发热值（KJ/kg）	含碳量（t-C/TJ）	碳氧化率	CO_2排放因子（kg-CO_2/kg）
煤炭	20908	26.37	0.94	1.9003
石油	41816	20.1	0.98	3.0202
天然气	38931KJ/m^3	15.3	0.99	2.1622kg-CO_2/m^3
其他清洁能源				0.997kg-CO_2/kwh

④产业结构、煤炭、石油、天然气、其他能源消费量。2006～2017 年我国直接耗煤产业产值、间接耗煤产业产值及其煤炭消费量和各能源消费量可通过历年《中国统计年鉴》直接获取，2006～2017 年我国直接、间接耗煤产业产值及其煤炭消费量如表 2.2 所示，各能源消费量如表 2.4 所示。

2.3.2 碳排放量及碳强度测算结果分析

(1) 以煤为主的能源结构产生的碳排放量及碳强度。

将相关数据代入式 (2.3), 可得2006~2017年我国煤炭、石油、天然气、其他清洁能源消费分别导致的碳排放量及能源消费碳排放总量、碳强度等, 如图2.5所示。

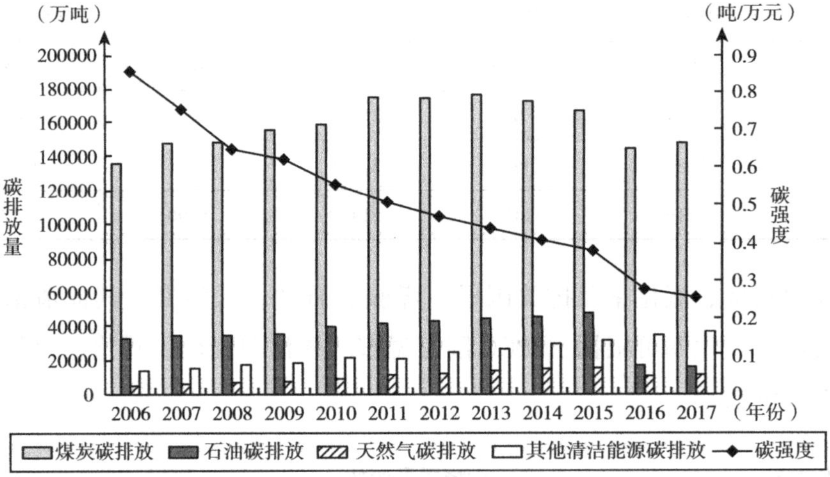

图2.5 2006~2017年我国能源消费碳排放和碳强度

由图2.5可知, 2006~2012年我国碳排放量呈稳步上升趋势, 年均增长率可达5.34%, 显著高于其他年份, 2013年我国碳排放量为研究期间峰值 (100亿吨碳); 2013~2017年, 由于我国能源消费总量控制和煤炭消费总量控制政策的实施, 能源消费总量和煤炭消费比重下降趋势显著, 能源结构逐渐走向多元化, 促使我国碳排放总量增速呈缓慢下降趋势, 2013~2017年碳排放增速约为1%。由式 (2.6) 可知, 碳强度为二氧化碳排放量与国内生产总值的比值, 我国能源消费的碳排放趋势可代表我国碳排放总量的变化趋势, 因此, 碳强度发展路径和能源强度发展路径趋于吻合。

各能源碳排放量是指煤炭、石油、天然气等能源消费导致的碳排放量。

2006～2017 年我国煤炭、石油、天然气能源消费所产生的二氧化碳排放总量，见表 2.6。由表 2.6 可知，由于研究期间我国煤炭消费所占比例始终高于 60%，煤炭消费导致的碳排放量显著高于石油、天然气、其他清洁能源消费导致的碳排放量，且煤炭消费产生的碳排放量与碳排放总量的比值保持在 90% 左右；石油消费产生的碳排放占比变化趋势微弱，变化范围稳定于［0.05，0.07］；天然气消费产生的碳排放占比相对较小，2011 年以来数值显著增加，2017 年天然气消费产生的碳排放占比为 2.07%。

表 2.6　2006～2017 年各能源碳排放量　单位：万吨

年份	煤炭碳排放	石油碳排放	天然气碳排放	其他清洁能源碳排放
2006	135884.6	32845.0	5067.5	13888.8
2007	147747.0	34644.1	6113.7	15284.2
2008	148291.2	34635.8	7051.6	17421.6
2009	155550.8	35629.0	7603.7	18466.2
2010	158833.9	39938.0	9181.1	21575.7
2011	174726.5	41814.9	11449.3	20907.4
2012	174209.0	43234.4	12207.3	24669.0
2013	176185.3	44699.8	13854.3	26663.1
2014	172362.6	45718.1	14976.6	29690.5
2015	166770.3	47910.5	15446.5	31678.5
2016	144623.7	46990.2	10774.3	34809.1
2017	147945.8	46155.0	11478.6	36986.5

（2）煤炭消费产业结构产生的碳排放。

煤炭消费产业结构产生的碳排放是指直接耗煤产业所产生的碳排放量和间接耗煤产业所产生的碳排放量。将我国直接耗煤和间接耗煤产业的煤炭消费量相关数据依次代入式（2.4），得出 2006～2017 年我国直接耗煤产业所产生的碳排放量和间接耗煤产业所产生的碳排放量，两者与其产值的比值为直接耗煤产业和间接耗煤产业的碳强度。由式（2.4）可知，直接耗煤产业和间接耗煤产业碳排放量之和为煤炭消费产业结构导致的碳排放总量。我国2006～2017年基于煤炭消费产业结构碳排放、碳强度的测算结果如表2.7所示，研究期间两者数值的波动情况如图2.6所示。

表2.7　　我国2006～2017年产业煤炭的碳排放和碳强度

年份	产业	碳排放（$10^4 CO_2$）	碳强度（吨 CO_2/万元）
2006	直接耗煤	20570504.6	197.1
	间接耗煤	1191359.1	10.4
2007	直接耗煤	22364184.3	176.6
	间接耗煤	1164795.6	8.1
2008	直接耗煤	24214448	161.5
	间接耗煤	1218650.5	7.2
2009	直接耗煤	25519612.2	159.3
	间接耗煤	1248762	6.6
2010	直接耗煤	30062260.4	156.9
	间接耗煤	1687425.3	7.6
2011	直接耗煤	33633244.9	148.1
	间接耗煤	1751105.1	6.7
2012	直接耗煤	35656899.8	14.6
	间接耗煤	1798319.2	2.4
2013	直接耗煤	36750373.9	140.3
	间接耗煤	1861089.4	5.6
2014	直接耗煤	35607138.5	128.3
	间接耗煤	1837891.7	5.0
2015	直接耗煤	34253213.8	122.1
	间接耗煤	1863727.5	4.6
2016	直接耗煤	33111745.9	111.7
	间接耗煤	1872179.7	4.2
2017	直接耗煤	33314852.7	99.6
	间接耗煤	1774864	3.6

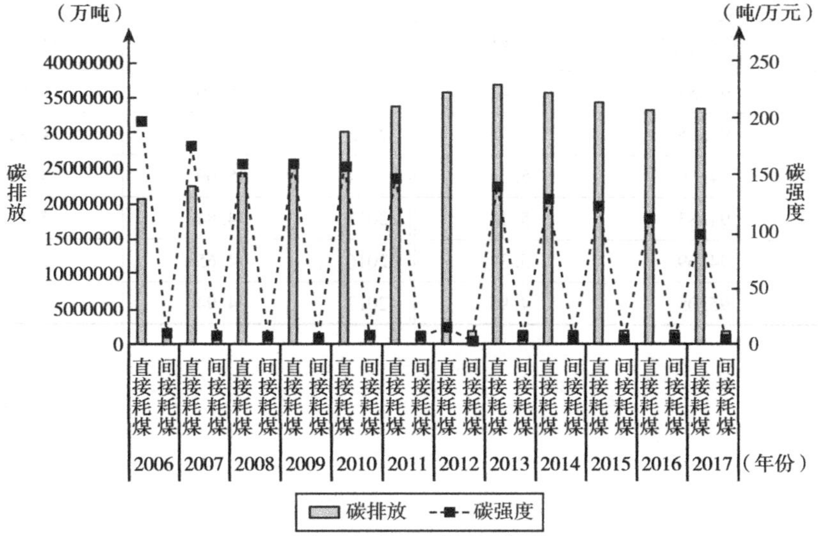

图 2.6　2006～2017 年我国煤炭消费产业结构碳排放量与碳强度

由图 2.6 和表 2.8 可知，我国煤炭消费产业结构碳排放量均逐年上升，通过计算可得 2006～2017 年我国直接、间接耗煤产业的碳排放量年均增长约为 7.24%、10.04%。随着我国步入工业化后期发展阶段，间接耗煤产业碳排放比重上升趋势明显，其经济活动导致的碳排放量会出现小幅上升，2017 年煤炭消费产业结构碳排放已高达约 3509.97 万吨 CO_2，碳强度数值并未呈现明显变化趋势。直接耗煤产业的碳排放量显著高于间接耗煤产业，呈现逐年上升趋势，自 2012 年以来直接耗煤产业的碳排放量上升幅度显著降低，2013 年降低至 36750373 万吨 CO_2；2007～2014 年直接耗煤产业碳排放量与碳排放总量的比值始终稳定于 90% 左右，自 2015 年开始呈逐年下降趋势，2017 年所占比重降至约 94.94%。目前，我国处于工业化后期发展阶段，能源结构对经济增长贡献远高于其对碳排放贡献，从而影响了直接耗煤产业碳强度减少，研究期间年均下降 4.69%。2006～2017 年我国间接耗煤产业产生的碳排放增速明显减小，2017 年间接耗煤产业产生的碳排放与碳排放总量的比值为 0.005。

表 2.8　　2006～2017 年产业碳排放结构　　单位:%

年份	直接耗煤产业碳排放结构	间接耗煤产业碳排放结构	年份	直接耗煤产业碳排放结构	间接耗煤产业碳排放结构
2006	94.53	5.47	2012	95.20	4.80
2007	95.05	4.95	2013	95.18	4.82
2008	94.69	5.31	2014	95.09	4.91
2009	94.83	5.17	2015	94.84	5.16
2010	94.69	5.31	2016	94.65	5.35
2011	95.05	4.95	2017	94.94	5.06

第 3 章　煤炭消费结构变动对碳强度的影响分析

除了煤炭消费结构外，我国碳强度进一步降低还取决于其他影响因素，碳强度的影响因素间也具有相对密切的关联关系，基于此，本章研究煤炭消费结构和能源结构、产业结构等因素间的相互影响效应，以及上述影响因素与碳强度的总影响、直接影响和间接影响。

3.1　煤炭消费结构对碳强度变动的贡献分析

碳减排途径主要包含三个方面，依次为结构减排、技术减排和消费减排。产业结构升级、能源结构优化始终是完成“十四五”规划节能减排目标的关键环节，主要表现在优化以煤为主的能源结构、加速产业结构升级、提高煤炭利用效率方面。鉴于此，基于煤炭消费的产业结构及以煤为主的能源结构角度，结合“产业—能源”双维度因素分解思路，研究煤炭消费的产业结构和以煤为主的能源结构对我国碳强度变动的影响，进一步分析我国碳强度变动原因。

3.1.1　因素分解模型

3.1.1.1　因素分解模型

（1）Kaya 恒等式的基本原理。

Kaya 恒等式的概念最早是由日本学者 Yoichi Kaya 于 1989 年针对世界

气候问题创立提出的[50]。Kaya 恒等式主要反映宏观经济中社会需求、资源投入、温室气体污染、国民经济产出等因素的内在联系，具体而言，将二氧化碳排放总因素划分为包含社会、资源、经济等子因素的恒等式，该恒等式具有数学模型简易、分解过程零残差、分解能力强等优势[91]。Kaya 公式的具体应用在于分解碳排放的影响因素，公式转换如式（3.1）所示：

$$C = \sum_i \frac{E_i}{E} \times \frac{C_i}{E_i} \times E = \sum_i P_i \times F_i \times E \tag{3.1}$$

其中，C 为二氧化碳排放总量，C_i 为 i 项能源消费导致的二氧化碳排放总量，E 为能源消费总量，E_i 为 i 项能源消费量，P_i 为 i 项能源消费量与能源消费量的比值，F_i 为 i 项能源消费的碳强度。采用 CO_2 和 C 分子间分配系数，可将等式左侧的变量 C 乘以 44/12 便可得出二氧化碳排放总量 CO_2。Kaya 恒等式在能源消费碳排放中的应用原理主要参考日本全球环境战略研究所《2006 年 IPCC 国家温室气体清单指南》一书中的研究成果。

对 CO_2 排放的影响因素进行分解时，可将式（3.1）作如下变换：

$$CO_2 = \frac{CO_2}{E} \times \frac{E}{GDP} \times \frac{GDP}{P} \times P \tag{3.2}$$

其中，CO_2 为二氧化碳排放量，E 为能源消费总量，GDP 为国内生产总值，P 为人口规模。CO_2/E 解释为能源消费产生的碳强度，E/GDP 解释为能源强度，GDP/P 为人均 GDP。二氧化碳排放的因素分解过程可看作为探究二氧化碳排放影响因素的过程。通过式（3.2）可知，能源消费碳强度、能源强度、人均 GDP 和人口规模是二氧化碳排放的关键影响因素。具体而言，能源消费产生的碳强度可解释为能源结构，能源强度表示单位经济产出产生的能源消耗，人均 GDP 可解释为国民经济产出，人口反映规模效应，以上因素全面总结了二氧化碳排放这一总因素。

（2）Divisia 分解法。

Divisia 指数分解法由法国数学家 Divisia 于 1924 年首次提出，是一种常用的指数分解法。其主要思路是将目标函数分解为带有时间 t 的连续可微函数的所有子因素，结合目标函数的微分运算和相关指数运算，得出各子因素对目标函数的影响程度。

加总分解公式如式（3.3）所示：

$$\Delta X_{k,i} = \int_0^T \sum_i V_i d(\ln X_{k,i})/d_i \tag{3.3}$$

乘积分解公式如式（3.4）如所示：

$$D_{k.i} = \exp\left\{\int_0^T \sum_i w_i d(\ln X_{k,i})/d_t\right\} \tag{3.4}$$

常用的 Divisia 分解法主要包括 Laspeyres 指数分解法、Paasche 分解法、AMDI 分解法等，以上分解方法均存在各自优势，但却存在共同的缺陷，即：不可对目标变量进行多维度因素分解，且分解结果残差值较大。

算术平均迪氏指数分解法（Logarithmic Mean Divisia Index Method，LMDI）的优势在于该分解法很好地避免了上述缺陷，在进行多个子因素分解的同时，即可得到零残差分解结果。运用 LMDI 方法，可得第 k 个影响因素的一般分解方程，如式（3.5）、式（3.6）所示。

在加法分解中：

$$\Delta V_{k,i} = \sum_i L(V_i^T, V_i^0)\ln(X_{k,i}^T/X_{k,i}^0) = \sum_i \frac{V_i^T - V_i^0}{\ln V_i^T/\ln V_i^0}\ln(X_{k,i}^T/X_{k,i}^0) \tag{3.5}$$

在乘法分解中：

$$\begin{aligned} D_{x.k} &= \exp\left(\sum_i \frac{L(V_i^T, V_i^0)}{L(V^T, V^0)}\ln\left(\frac{X_{k,i}^T}{X_{k,i}^0}\right)\right) \\ &= \exp\left(\sum_i \frac{(V_i^T - V_i^0)/(\ln V_i^T - \ln V_i^0)}{(V^T - V^0)/\ln V^T - \ln V^0}\ln\left(\frac{X_{k,i}^T}{X_{k,i}^0}\right)\right) \end{aligned} \tag{3.6}$$

3.1.1.2 基于煤炭消费产业结构的碳强度因素分解模型

基于 Kaya 恒等式的分解思路，考虑相关分解因素运用 LMDI 分解法分析碳排放的内在因素的相关关系。碳排放可分解为产业结构碳排放的内在关系，如式（3.7）所示[92-93]：

$$C = \sum_i \frac{C_i}{Y_i} \times \frac{Y_i}{Y} \times Y \tag{3.7}$$

其中，C 为碳排放总量；C_i 为直接耗煤产业和间接耗煤产业导致的碳排放，i=1，2；Y 为国民经济发展水平，即 GDP；Y_i 为直接耗煤产业和间接耗煤产业的经济产出。碳强度为 D，是碳排放总量与国民经济发展水平的比值。经过等式变换可得：

$$D = \frac{C}{Y} = \sum_i \frac{C_i}{Y_i} \times \frac{Y_i}{Y} \tag{3.8}$$

其中，$\frac{C_i}{Y_i}$为直接耗煤产业和间接耗煤产业的碳强度，解释为 ID；$\frac{Y_i}{Y}$为直接耗煤产业和间接耗煤产业的产值占比，解释为煤炭消费的产业结构 S。通过上述分析，式（3.8）经公式变换可得：

$$D = \sum_i ID_i S_i \tag{3.9}$$

第 T 期的煤炭消费产业碳强度如式（3.10）所示：

$$D^T = \sum_{i=1}^{2} ID_i^T S_i^T = \sum_{i=1}^{2} ID_i^o S_i^o + \sum_{i=1}^{2} ID_i^o (S_i^T - S_i^o) + \sum_{i=1}^{2} (ID_i^T - ID_i^o) S_i^T \tag{3.10}$$

第 T 期的碳强度相对于第 O 期的绝对变化量 ΔD 如式（3.11）所示：

$$\begin{aligned} \Delta D &= D^T - D^o = \sum_{i=1}^{2} ID_i^T S_i^T - \sum_{i=1}^{2} ID_i^o S_i^o \\ &= \sum_{i=1}^{2} ID_i^o (S_i^T - S_i^o) + \sum_{i=1}^{2} (ID_i^T - ID_i^o) S_i^T \end{aligned} \tag{3.11}$$

其中，$ID_i^o(S_i^T - S_i^o)$ 可解释为由于煤炭消费的产业结构变化导致的碳强度变化，其数值可用 ΔD_S 表示；$(ID_i^T - ID_i^o)S_i^T$ 可解释为由于煤炭消费的产业碳强度变化导致的碳强度变化，其数值可用 ΔD_{ID} 表示。则式（3.11）可转化为：

$$\Delta D = \Delta D_S - \Delta D_{ID} \tag{3.12}$$

第 T 期的煤炭消费碳强度相对于第 O 期的相对变化 R 如式（3.13）所示：

$$R = \frac{D^T}{D^o} = \frac{\sum_{i=1}^{2} ID_i^T S_i^T}{\sum_{i=1}^{2} D_i^o S_i^o} = \frac{\sum_{i=1}^{2} ID_i^T S_i^T}{\sum_{i=1}^{2} ID_i^o S_i^T} \cdot \frac{\sum_{i=1}^{2} ID_i^o S_i^T}{\sum_{i=1}^{2} D_i^o S_i^o} = R_{ID} R_S \tag{3.13}$$

其中，R_{ID}、R_S 依次表示煤炭消费产业碳强度、产业结构变化对碳强度变化的影响程度。基于 Divisia 分解法，ΔD_S、ΔD_{ID} 可表示为：

$$\Delta D_s = \sum_{i=1}^{2} W_i \ln \frac{S_i^T}{S_i^o}, \quad \Delta D_{ID} = \sum_{i=1}^{2} W_i \ln \frac{ID_i^T}{ID_i^o} \tag{3.14}$$

其中，$W_i = \frac{D_i^T - D_i^o}{\ln D_i^T - \ln D_i^o}$。令 $\frac{\ln R}{\Delta D} = \frac{\ln D^T - \ln D^o}{D^T - D^o} = W$，根据式（3.10）和式（3.12），$R_{ID}$、$R_S$ 可表示为：

$$R_s = \exp(W\Delta D_s), R_{ID} = \exp(W\Delta D_{ID}) \tag{3.15}$$

3.1.1.3　以煤为主的能源结构碳强度因素分解模型

根据 Kaya 公式，我国碳排放关键影响因素在于以煤为主的能源结构，因此，碳强度公式可表示为：

$$D = \frac{C}{Y} = \sum_j \frac{C_j}{E_j} \times \frac{E_j}{E} \times \frac{E}{Y} \quad j = 1,2,3,4,5,6 \tag{3.16}$$

其中，C_j 为 j 项能源导致的碳排放；E_j 为 j 项能源消费量，C_j/E_j 为单位 j 项能源产生的碳排放，解释为能源碳排放系数（F_j）；E_j/E 为 j 项能源与能源消费总量的比值，解释为能源消费结构（ES_j）；E/Y 为能源强度（I）。式（3.16）经公式转换可得：

$$D = \sum_j F_j ES_j I \tag{3.17}$$

以煤为主的能源结构碳强度因素分解过程同上。对于我国碳强度的分解见图 3.1。

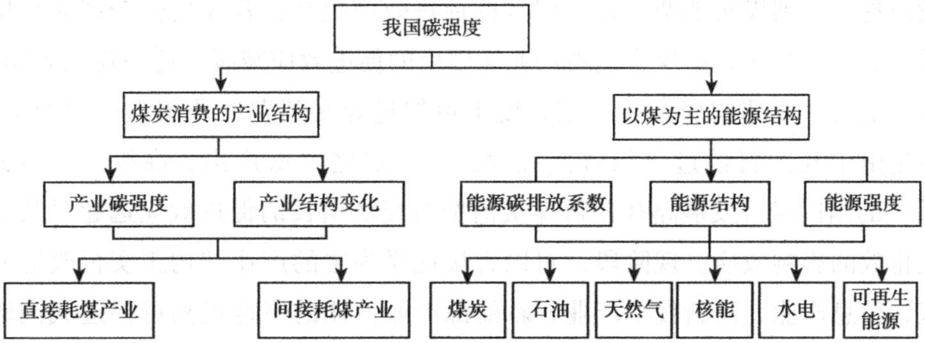

图 3.1　我国碳强度的分解过程

3.1.2 因素分析

煤炭、石油、天然气、其他清洁能源消费量、能源结构、煤炭消费产业结构及其碳排放和碳强度的测算结果如表2.4、表2.6、表2.7、表2.8所示。对2006~2017年我国煤炭消费结构碳强度变动的因素分析如下。

(1) 煤炭消费产业结构的碳强度因素分析。

在煤炭消费产业结构碳强度方面，由图3.1可知，我国碳强度主要受到煤炭消费产业碳强度和煤炭消费产业结构的综合影响，结合Kaya恒等式和LMDI方法，2006~2017年煤炭消费产业结构碳强度年均降速可达4.84个百分点。如图3.2所示，直接耗煤产业和间接耗煤产业的产业结构对我国碳强度变动的影响较显著，是近年来我国碳强度降低的主要推动因素，直接耗煤产业和间接耗煤产业的产业碳强度对我国碳强度抑制影响相对较小，但两者共同推动了我国碳强度的减少。

由图3.2 (a) 可知，自2006年开始，我国直接耗煤产业碳强度的下降幅度远高于碳强度总体的降低幅度，而间接耗煤产业碳强度的降低远低于碳强度总体的下降幅度，因此，直接耗煤产业碳强度的减少对我国碳强度削减起到了至关重要的作用。现阶段我国步入工业化后期，但以重工业为主的直接耗煤产业特点仍旧显著，直接耗煤产业碳强度远大于间接耗煤产业，由此可见，煤炭消费产业结构碳强度调整的关键在于降低直接耗煤产业比重。由图3.2 (b)、图3.2 (c) 可知，若煤炭消费产业结构的抑制效应提高，则煤炭消费产业碳强度的促进效应提高；若煤炭消费产业结构的抑制效应减缓，则煤炭消费产业碳强度的促进效应减缓，这一现象表明，煤炭消费产业结构变动在一定程度上可促进煤炭消费产业碳强度的变动。这是由于我国目前过于依赖高耗煤产业，加之“低产出、高投入、高消耗”的国民经济发展路径使得煤炭消费对经济增长的促进效应远超过其对碳排放的影响效应。现阶段，对以直接耗煤为主的产业结构正实行改造升级，信息产业、高新技术产业、新能源产业占比的飞速提高可促进我国碳强度进一步降低。

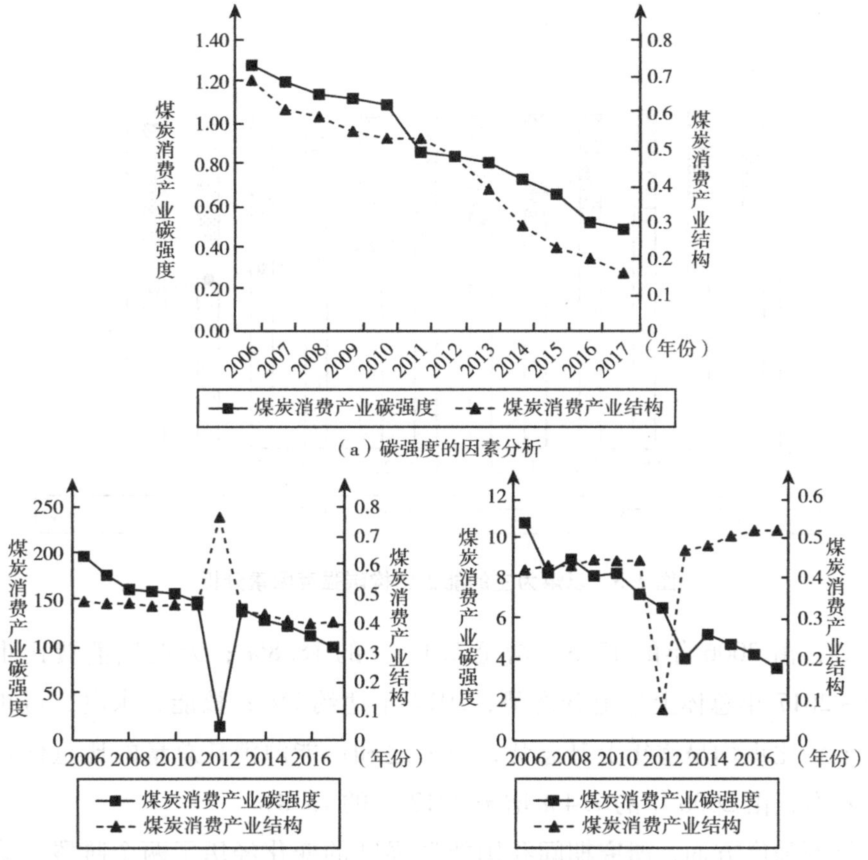

（b）直接耗煤产业碳强度的因素分析　　（c）间接耗煤产业碳强度的因素分析

图 3.2　煤炭消费产业结构碳强度因素分析

（2）以煤为主的能源结构碳强度因素分析。

我国以煤为主的能源结构碳强度可分解为能源强度、能源内部比例及能源碳排放系数，能源强度和能源结构的影响效应可结合 Kaya 恒等式和 LMDI 法测算。能源碳排放系数参考国家发改委能源所的研究成果，因此该系数对碳强度变动的影响效应不予分析研究，以煤为主的能源结构碳强度因素分析如图 3.3 所示。

由图 3.3 可知，自 2006 年以来煤炭消费长期占据能源主导地位，所占比重始终保持在能源消费总量的 60% 以上，但煤炭消费量整体呈下降态势，由 2006 年的 72.4% 降至 2017 年的 60.4%；石油消费比重整体保持上

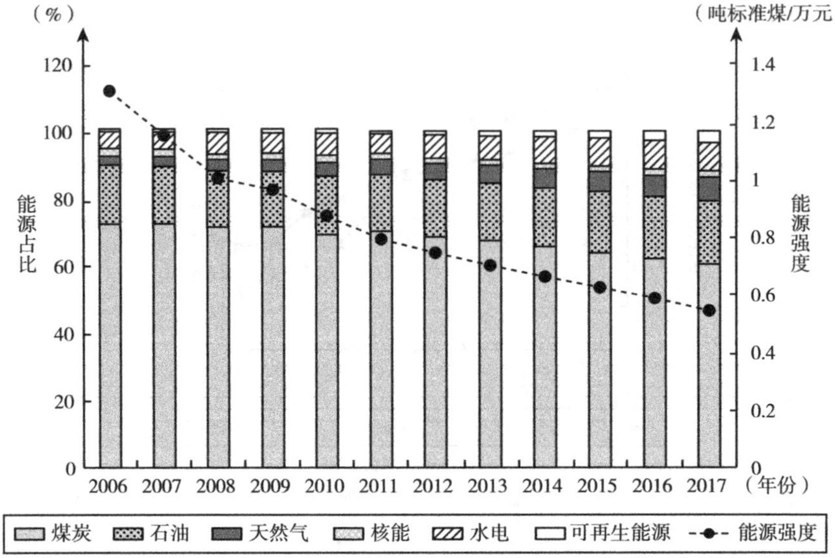

图 3.3　以煤为主的能源结构碳强度因素分析

升趋势，由 2006 年的 17.5% 增至 2017 年的 18.8%；天然气消费比重在 2006~2017 年总体上呈上升态势，2017 年达约 7%；核能、水电、可再生能源消费比重均呈逐年上升态势，三者之和占能源消耗总量的比重保持在 10%左右，由 2006 年的 7.4%增至 2017 年的 13.8%。

能源强度方面，研究期间我国能源强度的变化经历了两个阶段：第一阶段（2006~2009 年），我国能源强度年均下降约为 9.56%，此阶段我国经济处于工业化中期，重工业特征显著，以重工业为主的高煤耗产业迅速崛起，导致煤炭消费总量的大幅提升，造成资源浪费、环境污染现象严重，能源利用效率低下等问题；第二阶段（2010~2017 年），我国能源强度年均下降约为 6.9%，下降速度呈放缓趋势，这是由于经济发展开始走向工业化后期，"高能耗、高污染、低产出"的经济发展模式已不适合当前经济社会发展，侧重于依靠科技创新完善升级传统产业，提升清洁能源消费占比促进经济效益增长的发展模式。但由于我国经济增长对能源消费的高度依赖性，使得经济产出增速的下降速度高于能源消费总量增速的下降速度，能源强度呈逐年减少态势。

3.2　煤炭消费结构与碳强度的关系分析

根据前述分析和已有研究成果可知，碳强度不仅取决于煤炭消费结构的影响，也取决于能源消费总量、技术创新、国民经济产出、人口规模、产业结构等其他子因素。煤炭消费结构对碳强度产生直接影响效应，同时能源消费总量、经济增长等子因素对煤炭消费结构也存在着紧密联系，进而对碳强度产生间接影响。因此，探究煤炭消费结构如何分别通过能源消费总量、技术创新、国民经济产出、人口规模、产业结构等因素与碳强度产生间接影响效应。

（1）能源消费总量。

由式（2.4）可知，能源碳排放系数为常数，我国煤炭消费占比变化较为缓慢，因此，碳排放量的变动主要在于控制能源消费总量，根据已有研究可知，能源消费产生的 CO_2 排放为二氧化碳排放总量的四分之三，成为碳排放总量最为直接的影响因素[94]。在能源与经济的影响关系方面，多数成果显示国民经济与能源消费间存在较强的依赖关系[95]，由图 2.1、图 2.2 可知，国民经济与能源消费总量呈同向发展趋势。能源结构内部各能源利用效率存在差异，天然气利用效率最高，其次为石油和煤炭，当实行能源替代时，同等数量的经济增长会消费相对更多的煤炭、石油能源，导致碳排放量的增加，可见煤炭消费通过能源消费总量对碳排放产生间接作用。煤炭利用效率相对较低，但由于我国煤炭具有储备量大、价格较低等优势，可完全符合国民经济增长需求，基于此，煤炭消费量远超过石油、天然气和其他清洁能源消费量，导致我国单位产值的碳排放量普遍偏高。

（2）国民经济产出。

经济进步和工业化进程的规律性说明工业化发展会逐渐导致碳排放的增多。针对国民经济产出与温室气体排放相关关系的分析相对完善，最具代表性的成果是环境库兹涅茨曲线（EKC）概念的提出，EKC 表明国民经济产出与二氧化碳排放存在倒“U”形曲线关系[47-48]。选用 EKC 中的二次曲线对其进行模型拟合，2006～2017 年 GDP 与碳排放的关联关系如图 3.4 所示。

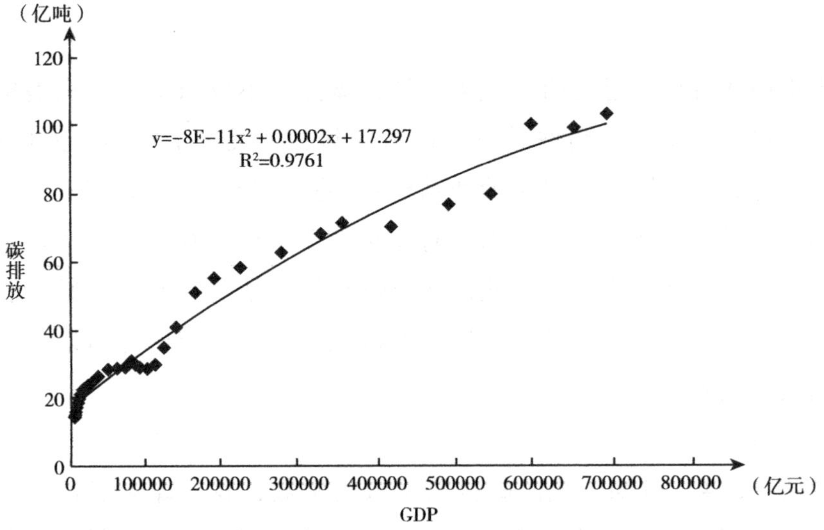

图 3.4　国民经济和二氧化碳的关联性

由图 3.4 可知，碳排放与国民经济产出的相关系数为 0.976。这表明国民经济发展水平逐渐提升，碳排放总量也提升，为环境库兹涅茨曲线的前期发展形势，现阶段我国工业化后期特征显著，以高新技术产业、新能源产业为主的间接耗煤产业逐步成为产业结构主体，使得煤炭消费的弹性需求下降，进而碳排放也会随之下降。

（3）产业结构。

霍利斯·钱纳里工业化阶段理论指出，经济的跨阶段发展主要依靠产业结构的转型升级[97]。就我国而言，在工业化形成伊始，产业结构主要依靠于轻工业，多采用人工作业形式，与此同时农业发展迅速，从而导致较低的碳排放；改革开放以来，人们消费水平也随之提升，主要表现为建筑行业的兴起，建材、钢铁等高耗煤产业的快速发展，使得上述行业对煤炭的使用需求激增，进而导致碳排放的增多；随着我国步入工业化后期，经济社会的发展主要致力于采用最新科技手段转型升级高耗煤产业，推动第三产业发展，导致碳排放量增速呈现下降趋势，近年来由于清洁能源的需求量大幅提高，导致高耗煤产业消费的煤炭消费总量呈现减缓趋势。

设产业结构多元化系数用以表示产业结构的发展路径。产业结构多元化系数表示为 Industrial structure diversity coefficient of coal demand（ISDCC），如式（3.18）所示：

$$ISDC = PP/PP + SP/PP \tag{3.18}$$

其中，PP、SP 依次为直接耗煤产业和间接耗煤产业占比。

建立拟合方程反映我国产业结构与碳排放内在联系，如图 3.5 所示。产业结构和碳排放的相关系数可达 0.9479。现阶段虽然我国步入工业化后期，但以重工业为主的产业结构特征仍较为显著，碳排放量总量呈现上升态势。

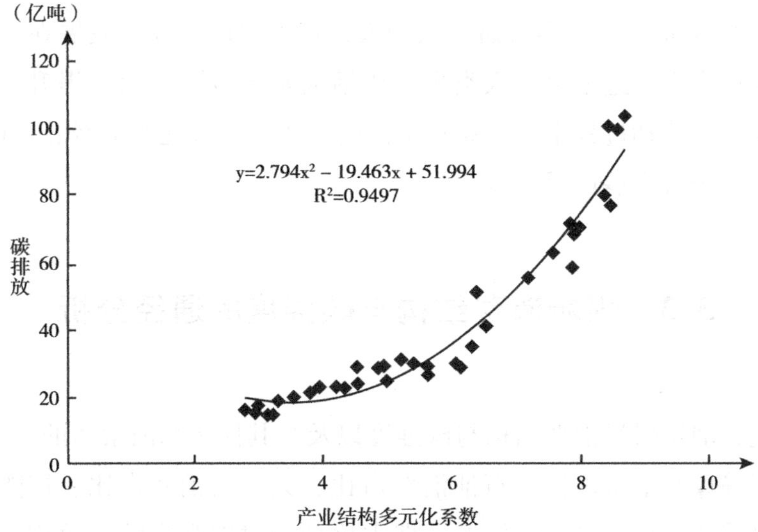

图 3.5 产业结构与碳排放的关系

（4）技术进步。

对于现阶段我国各能源的利用现状阐述如下。首先，煤炭的利用效率较低会导致单位煤炭消费产生的经济增速降低，国民经济增长对煤炭消费具有较强的依赖性，由此可知，煤炭的利用效率亟待增强；其次，煤炭消费导致的温室气体排放量相对较大且种类繁多，煤炭消费长期占据能源消费的主导地位，而天然气属于清洁能源之一，核能、水电等隶属于零碳能源，以上能源种类相较于煤炭，所占比例微乎其微，短时期内不可能完全实现能源替代；再次，我国石油、天然气等能源有着良好的资源禀赋，太阳能、风能虽可利用性较强，却受限于储备数量；最后，可再生能源的相关技术尚处于研发阶段，技术支持尚未成熟[98]。综上所述，发展能源替代技术、完善清洁煤技术是大力削减碳排放的必要条件，实现碳减排目标的主要力量集中于科技创新与技术支持[44]。根据经济增长原理，可知科技创新和技术支持是国民经济发展的重要源泉，世界范围内欧美等发达地区的经验说明，随着工业化的不断深入发展，科技创新对国民经济发展的影响力度会超过人口规模与资金支持。

（5）人口规模。

人类的生产生活直接导致碳排放的增加，人口数量与碳排放高度相关[34]。由第1章可知，多数研究认为人口规模对国民经济发展在一定程度上起到推动作用，这是由于人类生产生活通常导致资源消费提升，尤其是从事工业生产活动过程中对于煤炭资源的利用，导致能源消费总量的提升，进而对国民经济发展产生影响。

3.3 煤炭消费结构与碳强度的通径分析

首先，剖析煤炭消费结构与碳强度以及与其他影响因素间的相互关系；其次，明确煤炭消费占比、石油消费占比、天然气消费占比、核能消费占比、水电消费占比、可再生能源消费占比分别对碳强度的总效应、直接效应与间接效应。

3.3.1 模型建立及数据处理

（1）模型建立。

①煤炭消费结构的影响效应模型。碳强度的变动在很大程度上取决于煤炭消费结构、能源消费总量、国民经济发展、科技创新、人口规模、产

业结构因素。构建煤炭消费结构影响效应模型，如式（3.19）所示：

$$Y = \delta + \sum_{i=1}^{6} \beta_i X_i \tag{3.19}$$

其中，Y 为碳强度，$X_i(i=1, 2, 3, 4, 5, 6)$ 依次为煤炭消费结构、能源消费总量、国民经济发展、产业结构、技术支持、人口规模共六个影响因素，β_i 为各自变量的系数，δ 表示随机扰动项。

②能源消费比例的影响效应模型。根据国家发改委能源所对于能源碳排放系数的测算结果，我国碳强度变动受到煤炭消费占比、石油消费占比、天然气消费占比、核能消费占比、水电消费占比、可再生能源消费占比以及能源强度的影响。因此，构建能源结构内部比例的影响效应模型，如式（3.20）所示：

$$Y = \lambda + \alpha_0 I + \sum_{j=1}^{6} \alpha_j ES_j \tag{3.20}$$

其中，$ES_j(j=1, 2, 3, 4, 5, 6)$ 为第 j 种能源消费比例，I 为能源强度，α_0、α_j 表示待估参数，λ 表示随机误差项。

③影响效应的通径分析模型。为确定上述两模型中各影响因素对碳强度所产生的影响，对以上两模型的各影响因素分别作通径分析[96]。

通径分析由美国遗传学家 Sewall Wright 创于 1921 年[23,52,99]，其内涵为分析各自变量间、自变量与因变量间内在联系，即揭示各自变量对因变量的直接作用效果和间接作用效果。通径分析方法避免了多元回归分析中任意两个指标变量受限于同一变量作用，进而导致变量分析的不全面性，解决了各因素间不能进行间接比较的问题。通径分析的主要思路是对多元回归相关系数进一步比较分析，利用直接通径、间接通径依次阐述各自变量对因变量的直接影响，经其他变量对因变量的间接影响。该方法克服了多重共线性问题，并运用直接通径、间接通径以及综合通径分离自变量和因变量间的相关系数，探究不同自变量所产生的直接影响、间接影响和综合影响。通径图可以直观地表示变量间的相互影响关系，通径图如图 3.6 所示。

如图 3.6 可知，存在三个变量 Y、X_1、X_2，其中，Y 表示因变量，X_1、X_2 表示自变量。X_1、X_2 的关系具体如下：若 X_1、X_2 无相关性，图中可解

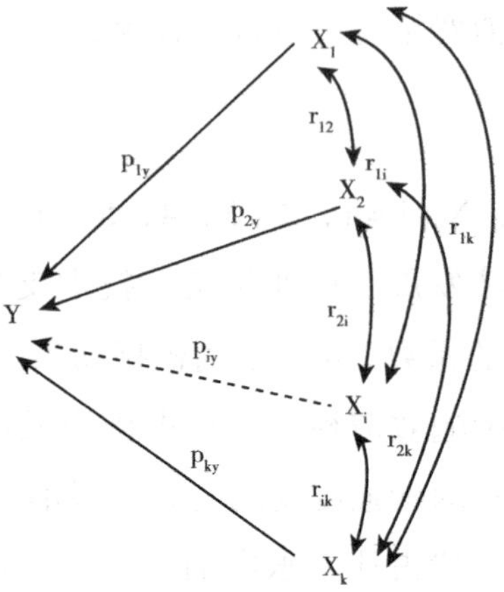

图 3.6　k 个自变量情况下的通径图

释路径为 $X_1 \xrightarrow{p_{1y}} Y$，$X_2 \xrightarrow{p_{1y}} Y$；若 X_1、X_2 存在相关性，图中可解释路径为 $X_1 \xrightarrow{p_{1y}} Y$，$X_1 \xrightarrow{r_{12}} X_2 \xrightarrow{p_{2y}} Y$；$X_2 \xrightarrow{p_{2y}} Y$，$X_2 \xrightarrow{r_{12}} X_1 \xrightarrow{p_{1y}} Y$。其中，$r_{12}$ 为自变量的相关系数。

通径分析可解释为对皮尔逊相关系数的拓展。皮尔逊相关系数用以反映各自变量对因变量产生的总效应，即各自变量对因变量产生的直接效应、各自变量经其余潜在自变量对其产生的间接效应，如式（3.21）所示[100-101]：

$$r_{iy} = p_{iy} + \sum_j r_{ij}p_{jy} \quad i,j = 1,2,\cdots 6 \text{ 且 } i \neq j \tag{3.21}$$

其中，r_{iy} 是 X_i 对 Y 的总作用效应，也就是 X_i 与 Y 的皮尔逊相关系数，绝对值越大，则总影响越大；p_{iy} 为 X_i 对 Y 的直接作用效应，也就是 X_i 的标准化回归系数，在此解释为直接通径系数，绝对值越大则直接影响效应越强；$r_{iy}p_{iy}$ 为 X_i 通过 X_j 对 Y 产生的间接作用效应，在此解释为间接通径系数，$\sum_j r_{iy}p_{jy}$ 为 X_{ij} 对 Y 产生间接影响的加总。

（2）数据处理。

煤炭消费结构变化及产业结构可采用能源消费结构多元化系数、产业结构多元化系数加以说明，国民经济发展用 GDP 反映；2006～2017 年我国煤炭消费结构、能源消费总量、国内生产总值、产业结构、人口规模、能源消费比例等数值参考《中国统计年鉴 2019》《BP 世界能源统计年鉴 2019》，见表 3.1、表 3.2[102-103]。

表 3.1　　　　2006～2017 年碳强度主要影响因素

年份	碳强度	能源消费结构多元化系数	能源消费总量	GDP（1978 = 100）	产业结构多元化系数	技术进步	人口规模
2006	1.39	1.0918	286467	219028.5	7.843	8.5	131448
2007	1.27	1.0827	311442	270844	7.541	8.6	132129
2008	1.11	1.0833	320611	321500.5	7.867	9.5	132802
2009	1.08	1.081	336126	348498.5	7.806	9.8	133450
2010	0.93	1.1113	360648	411265.2	7.955	10.4	134091
2011	0.83	1.1225	387043	484753.2	8.438	9.6	134735
2012	0.78	1.1254	402138	539116.5	8.340	11.2	135404
2013	0.75	1.1275	416913	590422.4	8.403	11.8	136072
2014	0.71	1.1305	425806	644791.1	8.547	13.3	136782
2015	0.7	1.1555	429905	686449.6	8.655	14.5	137462
2016	0.68	1.1672	435819	743585.5	8.724	15.6	138271
2017	0.65	1.1719	449000	827121.7	8.295	16.2	139008

注：碳强度单位：吨碳/万元；能源消费总量单位：万吨标准煤；GDP 单位：亿元；人口规模单位：万人。

表 3.2　　　　2006～2017 年我国能源结构和能源强度

年份	能源强度（吨标准煤/万元）	占能源消费总量比重%					
		煤炭	石油	天然气	核能	水电	可再生能源
2006	1.31	72.4	17.5	2.7	2.3	5	0.1
2007	1.15	72.5	17	3	2.2	5.1	0.2
2008	1.00	71.5	16.7	3.4	1.6	6.5	0.3
2009	0.96	71.6	16.4	3.5	2	6	0.5
2010	0.87	69.2	17.4	4	2.3	6.5	0.6
2011	0.79	70.2	16.8	4.6	1.8	5.8	0.8
2012	0.74	68.5	17	4.8	1.6	7	1.1
2013	0.70	67.4	17.1	5.3	1.6	7.1	1.5
2014	0.66	65.6	17.4	5.7	1.6	8	1.7
2015	0.62	63.7	18.3	5.9	1.6	8.4	2.1
2016	0.59	62	18.5	6.2	1.9	8.6	2.8
2017	0.54	60.4	18.8	7	1.9	8.4	3.5

3.3.2 影响效应的通径分析

（1）模型拟合。

结合 SPSS 16.0 软件对因变量 Y 实施正态性检验，见表 3.3。研究样本为小样本数据，因此正态性检验采用夏皮罗—威尔克（Shapiro - Wilk）法，统计量数据显示 0.891，显著水平等于 0.0059 > 0.005，通过了显著性检验，满足正态分布。

表 3.3 显著性检验结果

变量	柯尔莫可洛夫 - 斯米洛夫检验（Kolmogorov - Smirnov）			夏皮罗 - 威尔克检验（Shapiro - Wilk）		
	统计量	自由度	显著水平	统计量	自由度	显著水平
y	0.196	36	0.001	0.891	36	0.0059

①煤炭消费结构影响效应的模型拟合。利用 SPSS 16.0 软件对煤炭消费结构、能源消费总量、GDP、产业结构、技术进步、人口实施相关分析，见表 3.4。由表 3.4 可知，X_2、X_3、X_4、X_5、X_6 的皮尔逊相关系数基本处于 0.8 左右，显著性水平（双侧）不超过 0.05，可知 X_1、X_2、X_3、X_4、X_5、X_6 高度相关。

表 3.4 相关分析

		Y	X_1	X_2	X_3	X_4	X_5	X_6
Y	皮尔逊相关系数	1	0.428	0.728	-0.628	-0.856	-0.894	-0.947
	显著性（双侧）	—	0.008	0	0	0	0	0
X_1	皮尔逊相关系数	0.428	1	-0.114	0.122	-0.32	-0.235	-0.286
	显著性（双侧）	0.008	—	0.63	0.528	0.167	0.151	0.078
X_2	皮尔逊相关系数	0.728	-0.114	1	0.954	0.955	0.921	0.854
	显著性（双侧）	0	0.63	—	0	0	0	0
X_3	皮尔逊相关系数	-0.628	0.122	0.954	1	0.886	0.79	0.824
	显著性（双侧）	0	0.528	0	—	0	0	0

续表

		Y	X_1	X_2	X_3	X_4	X_5	X_6
X_4	皮尔逊相关系数	-0.856	-0.32	0.955	0.886	1	0.984	0.921
	显著性（双侧）	0	0.167	0	0	—	0	0
X_5	皮尔逊相关系数	-0.894	-0.235	0.921	0.79	0.984	1	0.956
	显著性（双侧）	0	0.151	0	0	0	—	0
X_6	皮尔逊相关系数	-0.947	-0.286	0.854	0.824	0.921	0.956	1
	显著性（双侧）	0	0.078	0	0	0	0	—

常用回归拟合方程通常导致多重共线性问题[104]，为避免最小二乘法的无偏估计导致的多重共线性，基于有偏估计分析方法—岭回归分析方法对各变量进行分析。采用 SPSS 16.0 分析软件得出 X_1、X_2、X_3、X_4、X_5、X_6 的岭迹图依次表示为 $X_1(K)$、$X_2(K)$、$X_3(K)$、$X_4(K)$、$X_5(K)$、$X_6(K)$，见图 3.7、图 3.8。

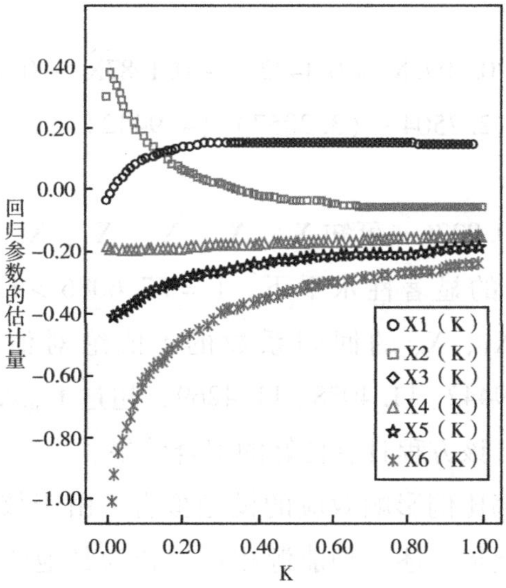

图 3.7　岭迹图

由图 3.7 可知，当 K = 0.15 时，X_1、X_2、X_3、X_4、X_5、X_6 岭迹图呈现平缓趋势；决定系数 RSQ 发展路径如图 3.8 所示，可知 K = 0.15 时，决定系数的降低幅度呈现放缓态势，标准化岭回归方程如式（3.22）所示：

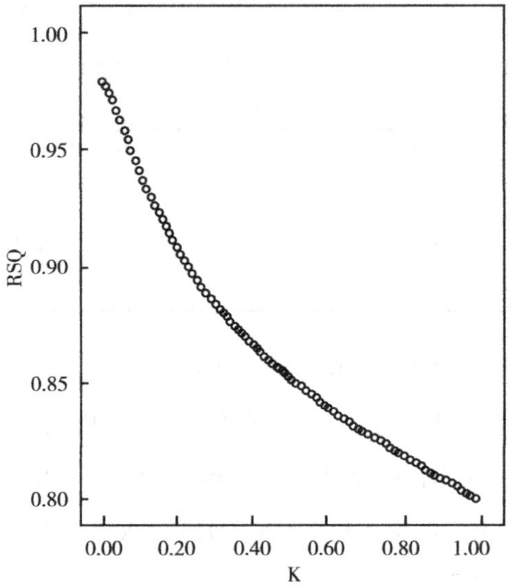

图 3.8 决定系数的变化

$$\hat{Y} = 0.1220X_1 + 0.1097\hat{X}_2 + 0.1422\hat{X}_3 - 0.1987\hat{X}_4 - 0.3181\hat{X}_5 - 0.5418\hat{X}_6$$
$$(2.6566)\ (2.7504)\ (3.2057)\ (4.9442)\ (11.4088)\ (11.4269) \tag{3.22}$$

决定系数 $R^2 = 0.9226$，可知 X_1、X_2、X_3、X_4、X_5、X_6 对 Y 的可解释程度偏高；在 0.05 的显著性水平下，$F = 57.6086 > F_{0.05}(6,29) = 2.43$，$X_1$、$X_2$、$X_3$、$X_4$、$X_5$、$X_6$ 的回归系数的 t 值绝对值依次等于 2.6566、2.7504、3.2057、4.9442、11.4088、11.4269，超过 $t_{0.05}/2(29) = 2.045$，满足显著性检验结果，该方程具有良好的拟合效果。

②能源结构内部比例影响效应的模型拟合。由于核能、水电、可再生能源占比较低，因此将上述三种能源相加组合为其他清洁能源，即能源结构包括煤炭、石油、天然气和其他清洁能源。结合 SPSS 16.0 对煤炭、石油、天然气和其他清洁能源消费比例实施相关分析，见表 3.5。由表 3.5 可知，部分变量的中度相关性显著，应消除变量间存在的多重共线性，采用岭回归方法拟合方程。

表 3.5　　变量相关分析

		Y	ES_1	ES_2	ES_3	ES_4	I
Y	皮尔逊相关系数	1	0.429	-0.616	-0.169	-0.272	1
	显著性（双侧）	—	0.009	0	0.376	0.111	0
ES_1	皮尔逊相关系数	0.429	1	-0.732	-0.718	-0.512	0.443
	显著性（双侧）	0.009	—	0	0	0.003	0.067
ES_2	皮尔逊相关系数	-0.616	-0.732	1	0.121	-0.176	-0.63
	显著性（双侧）	0	0	—	0.483	0.29	0
ES_3	皮尔逊相关系数	-0.169	-0.718	0.121	1	0.834	0.162
	显著性（双侧）	0.376	0	0.483	—	0	0.354
ES_4	皮尔逊相关系数	-0.272	-0.512	-0.176	0.834	1	-0.26
	显著性（双侧）	0.111	0.003	0.29	0	—	0.121
I	皮尔逊相关系数	1	0.443	0.63	0.162	-0.26	1
	显著性（双侧）	0	0.067	0	0.354	0.121	—

通过 SPSS 16.0 统计软件分析可得 ES_1、ES_2、ES_3、ES_4、I 各自变量的岭迹图 $ES_1(K)$、$ES_2(K)$、$ES_3(K)$、$ES_4(K)$、I(K) 和决定系数的发展路径，如图 3.9、图 3.10 所示。当 K = 0.2 时，ES_1、ES_2、ES_3、ES_4、I 岭迹图和决定系数的变化趋势呈现平稳状态，标准化岭回归方程如式（3.23）所示：

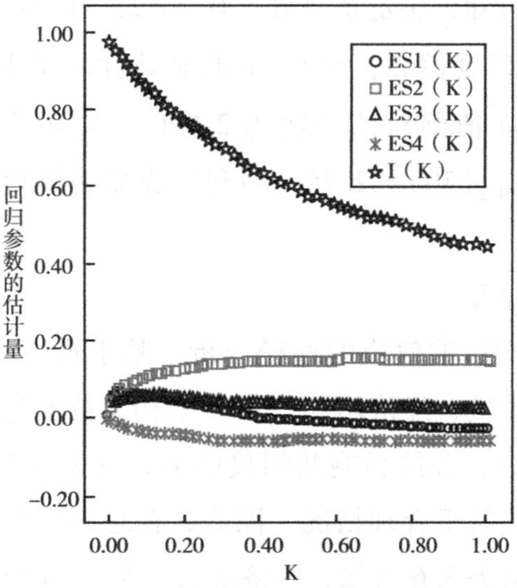

图 3.9　各自变量的岭迹图

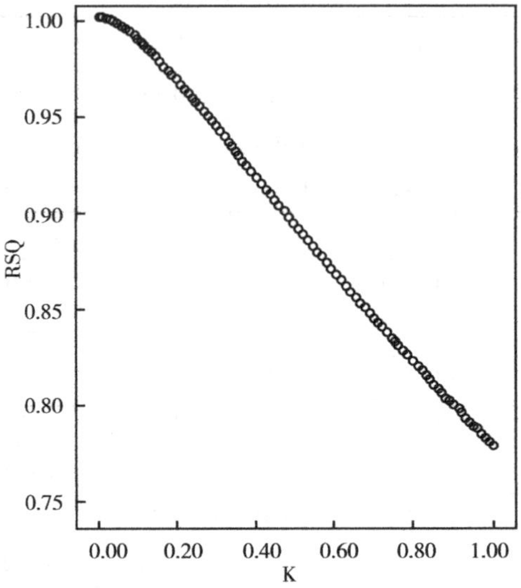

图 3.10　决定系数的变化

$$\hat{Y} = -0.04444\widehat{ES}_1 + 0.0767\widehat{ES}_2 + 0.0855ES_3 - 0.1276ES_4 + 0.7382\hat{I}$$
$$(-2.9201) \quad (3.4615) \quad (3.2116) \quad (-4.9204) \quad (24.7766)$$
(3.23)

由式（3.23）可知，决定系数 $R^2 = 0.9672$，可解释为 ES_1、ES_2、ES_3、ES_4、I 对 Y 的解释程度偏高；在 0.01 的显著性水平下，ES_1、ES_2、ES_3、ES_4、I 回归系数的 t 值绝对值依次为 2.9201、3.4615、3.2116、4.9204、24.7766，远高于 $t_{0.01/2}(30) = 2.75$，顺利完成显著性检验，方程具有良好的拟合效果。

（2）通径分析结果。

①煤炭消费结构影响效应的通径分析。基于式（3.21），得出煤炭消费结构、能源消费总量、经济增长、产业结构、技术进步、人口因素与碳强度间存在的总影响、直接影响及间接影响，见表 3.6。在运用岭回归方法时，出现部分误差属于合理情况，因此，在总影响分解过程中允许产生微弱的剩余影响。由表 3.6 可知，经济增长（X_3）、产业结构（X_4）、技术进步（X_5）、人口（X_6）从总体上抑制了我国碳强度（Y）的升高，而煤

炭消费结构（X_1）、能源消费总量（X_2）从总体上促进了我国碳强度（Y）的升高。在直接影响方面，煤炭消费结构（X_1）、能源消费总量（X_2）、经济增长（X_3）共三个因素直接促进碳强度（Y）的提升，产业结构（X_4）、技术进步（X_5）、人口（X_6）共三个因素直接推动碳强度（Y）的降低。

表 3.6　　影响效应的通径分析

自变量	总影响	直接影响	间接影响							剩余影响
			X_1	X_2	X_3	X_4	X_5	X_6	总间接	
X_1	0.428	0.122	—	-0.011	0.016	0.046	0.078	0.159	0.288	0.018
X_2	0.728	0.11	0.013	—	-0.221	0.192	0.302	0.349	0.635	-0.017
X_3	-0.628	0.142	0.014	0.106	—	-0.179	-0.283	-0.45	-0.792	0.022
X_4	-0.856	-0.199	-0.028	0.106	0.128	—	-0.313	-0.52	-0.628	-0.029
X_5	-0.894	-0.318	-0.03	-0.001	-0.002	-0.196	—	-0.30	-0.529	-0.047
X_6	-0.947	-0.542	-0.036	0.099	0.118	-0.191	-0.314	—	-0.324	-0.081

如图 3.11 所示，煤炭消费结构（X_1）对 Y 上升的总体促进作用达 0.428，直接促进作用偏小（+0.122），主要通过经济增长（X_3）、产业结构（X_4）、技术进步（X_5）、人口（X_6）四个因素上升对 Y 产生间接促进作用，作用效应经计算可达 +0.299(0.016 +0.046 +0.078 +0.159)，具体来说，通过人口规模对 Y 上升产生的间接促进效应最大（+0.159），可解

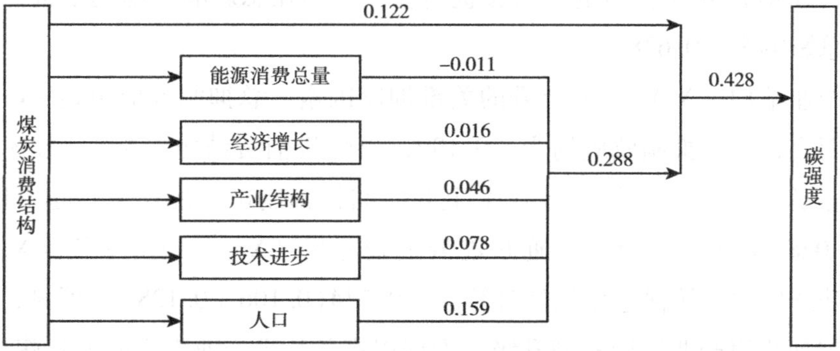

图 3.11　煤炭消费结构对碳强度的通径分析

释为由于我国人口规模的不断扩大，工业化进程的不断发展使得人类更多地从事钢铁、建材等高耗煤的生产活动，促使煤炭的消费占比进一步增加；煤炭消费结构（X_1）通过能源消费总量（X_2）对 Y 上升起到了较小的阻碍效应（ -0.011），这表明我国应侧重于优化调节煤炭消费结构，使煤炭消费结构趋于合理，进而降低能源消费总量，实现碳强度目标。

能源消费总量（X_2）对 Y 上升的直接促进作用可达 +0.11，总影响效应表示为0.728，由表3.6 可知，X_2 在总体上推动了碳强度的增加。在间接影响的因素方面，我国能源消费总量（X_2）通过煤炭消费结构（X_1）、产业结构（X_4）、技术进步（X_5）、人口（X_6）共四个因素对 Y 的上升产生间接促进作用，促进效应计算可得 +0.856(+0.013 +0.192 +0.302 +0.349)。由表3.4 可知，X_2 与 X_3、X_4、X_5 和 X_6 均呈现正向关系，可解释为经济总量提升、人口数量激增会导致能源消费的上升，2006～2017 年我国产业结构变化表现在以重工业为主的高耗煤产业比重的增加，导致能源消费总量的增加。

由表3.4 可知，经济增长（X_3）与煤炭消费结构（X_1）、能源消费总量（X_2）、产业结构（X_4）、技术进步（X_5）、人口（X_6）均呈现积极的正向作用。由表3.6 可知，通过煤炭消费结构（X_1）和能源消费总量（X_2）对 Y 上升产生的间接推动作用，计算可得 +0.12(0.014 +0.106)，通过产业结构（X_4）、技术进步（X_5）、人口（X_6）三因素对 Y 上升产生的间接阻碍作用，经计算可得 -0.912(-0.179 -0.283 -0.45)，可解释为虽然经济增长（X_3）对 Y 上升起到直接促进作用，但在总影响上起到了抑制性效应，总影响为 -0.628。

产业结构（X_4）是 Y 上升的关键抑制因素，总抑制效应可达 -0.856，具体而言，直接抑制效应约为 -0.199，由煤炭消费结构（X_1）、技术进步（X_5）、人口（X_6）三因素导致 Y 上升的间接抑制影响经计算可达 -0.861(-0.028 -0.313 -0.52)，通过能源消费总量（X_2）、经济增长（X_3）对 Y 上升产生的间接促进作用经计算为 +0.234(0.106 +0.128)。可见，应进一步带动我国产业结构转型升级，发展以高新技术产业为主的低耗煤产业，在总体上大力削减能源消费总量，降低经济对能源的依赖性。

人口（X_6）对Y上升的总体抑制作用达-0.947，在直接影响效应方面，人口（X_6）对Y上升的直接抑制作用达-0.542，间接抑制作用为-0.324。具体而言，通过煤炭消费结构（X_1）、产业结构（X_4）、技术进步（X_5）三因素对Y上升的间接阻碍作用达-0.541(-0.036-0.191-0.314)，通过能源消费总量（X_2）和经济增长（X_3）对Y上升间接促进作用为+0.217(0.099+0.118)，这是由于人口因素具有双重性，一是人口增加的同时，作为消费者，应节约生活消费的能源总量，提高煤炭消费多元化水平，加大天然气、其他清洁能源的消费比重；二是从生产者角度来说，更应侧重于技术创新领域，走能源低碳环保道路，促进低碳耗煤产业发展。

②能源结构内部比例影响效应的通径分析。基于式（3.21）能测算出煤炭消费占比、石油消费占比、天然气消费占比、其他清洁能源消费占比、能源强度因素对碳强度的总影响、直接影响和间接影响，测算结果见表3.7。在运用岭回归方法时，可以出现部分误差，基于此，在总影响分解过程中允许产生微弱的剩余影响。

表3.7　影响效应的通径分析

自变量	总影响	直接影响	间接影响						剩余影响
			ES_1	ES_2	ES_3	ES_4	I	总间接	
ES_1	0.429	0.044	—	0.057	0.063	-0.064	0.32	0.376	0.009
ES_2	-0.616	-0.077	-0.033	—	-0.01	-0.023	-0.458	-0.524	-0.015
ES_3	-0.169	-0.086	0.228	-0.009	—	-0.108	-0.176	-0.065	-0.018
ES_4	-0.272	-0.128	0.022	-0.014	0.072	—	-0.199	-0.119	-0.025
I	1	0.738	0.019	0.048	0.013	0.035	—	0.114	0.148

由表3.7可知，石油消费占比、天然气消费占比、其他清洁能源消费占比是碳强度下降的直接促进因素，相反，煤炭消费比例、能源强度是碳强度下降直接阻碍因素。煤炭消费占比、石油消费占比、天然气消费占比、其他清洁能源消费占比、能源强度因素对碳强度的影响如图3.12至图3.16所示。

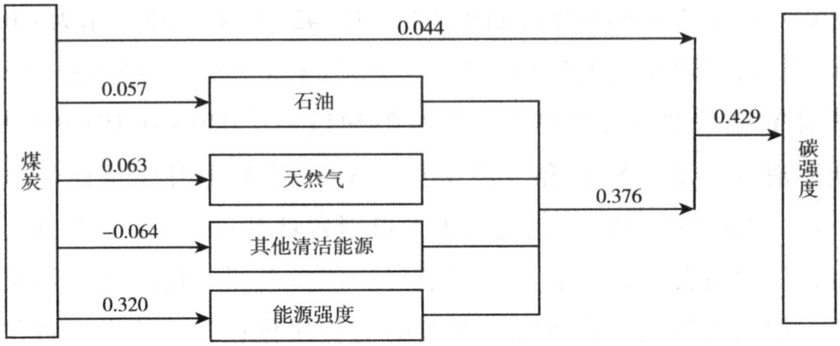

图 3.12　煤炭消费比例影响效应的通径分析

由图 3.12 可知，煤炭消费比例对碳强度的总效应达 +0.429，总体上促进了碳强度的上升。在因素的直接影响方面，煤炭消费比例对碳强度上升的直接促进效应达 +0.044，在因素的间接影响方面，通过能源强度对碳强度上升的间接促进作用最为显著（约为 +0.32）。由表 3.5 可知，煤炭消费占比与石油消费占比、天然气消费占比、其他清洁能源消费占比、能源强度因素间的相关性依次为 -0.732、-0.718、-0.512、0.443。由表 3.5 相关关系可知，随着煤炭消费比例上升，石油、天然气和其他清洁能源消费比例下降，反而促进了我国能源强度上升。这表明煤炭的资源禀赋特性和刚性特征，加之煤炭消费长期主体地位，导致能源强度增加。基于此，促进碳强度减少、完成节能减排目标，主要在于提高煤炭利用效率，重视信息产业等低耗煤产业的发展，加强能源间的替代作用。

由图 3.13 可知，石油消费比例对碳强度降低的总促进影响达 -0.616，属于碳强度上升的最为重要的阻碍因素。在因素的直接影响方面，石油消费比例对碳强度上升的直接约束作用达 -0.077，间接影响主要通过能源强度因素对碳强度上升起到间接阻碍作用（约为 -0.488）。由表 3.5 可知，石油消费比例与煤炭消费比例、能源强度等因素间具有较强的相关性（依次为 -0.732、-0.63），可解释为石油消费比例的提高，煤炭消费比例的减少，能够导致能源强度的降低。

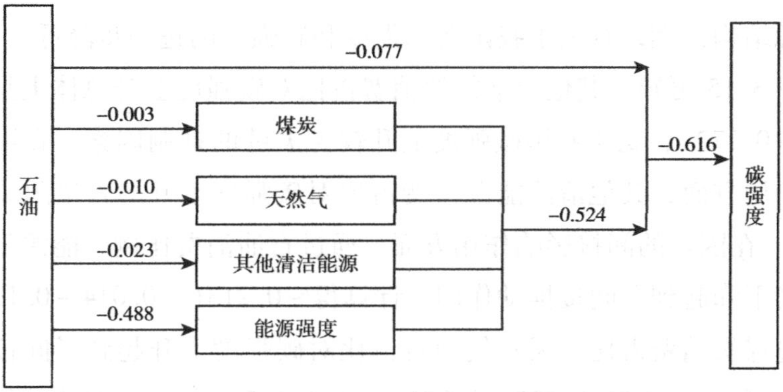

图 3.13　石油消费比例影响效应的通径分析

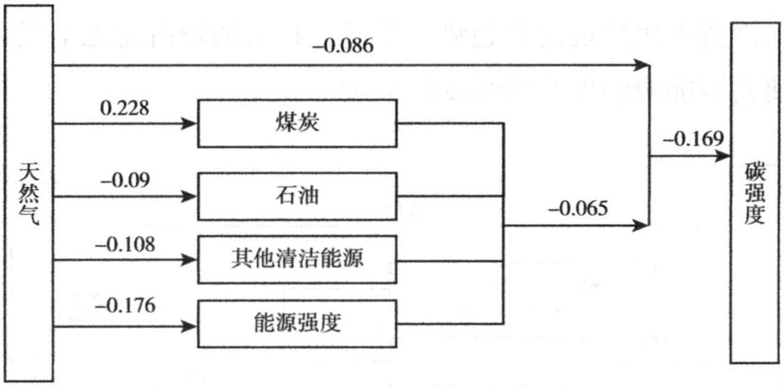

图 3.14　天然气消费比例影响效应的通径分析

由图 3.14 可知，天然气消费比例对碳强度总体呈现抑制作用（-0.169），进一步促进了碳强度的降低。在因素的直接影响方面，天然气消费比例对碳强度降低的直接推动作用达 -0.086。在因素的间接影响方面，通过石油消费比例、其他清洁能源、能源强度三因素对碳强度上升引起的间接抑制作用达 -0.293（-0.09 -0.108 -0.176），通过煤炭消费比例这一间接因素对碳强度降低起到的阻碍效应达 0.012。在相关分析方面，由表 3.5 可知，天然气消费比例与其他清洁能源消费比例、煤炭消费比例两因素具有相对较强的相关关系（结果依次为 0.834、-0.718），可解释为当天然气消费占比增加时，其他清洁消费占比也显著提高，从而削减煤炭消费比例。这是由于天然气和其他清洁能源均属于清洁能源，在能源消费总量的约束下，调整能源结构比例，有利于我国能源强度和碳强度的进一步降低。

由图 3.15 可知，其他清洁能源消费占比对碳强度上升总体上呈现阻碍作用（-0.272），属于我国碳强度上升较为关键的抑制因素。在因素的直接影响作用方面，其他清洁能源消费占比对碳强度上升的直接阻碍作用达 -0.128。在因素的间接影响作用方面，通过石油消费比例、能源强度两者对碳强度下降起到了间接推动作用，计算得 -0.213（-0.014 -0.199），同时，通过煤炭消费占比、天然气消费占比对碳强度上升起到了间接推动作用，计算可得 +0.094（0.022 +0.072）。由表 3.5 可知，其他清洁能源消费占比与煤炭、石油、天然气消费占比、能源强度因素的相关程度依次为 -0.512、-0.176、0.834、-0.26。基于此，其他清洁能源消费占比的提高，天然气消费占比呈现提升趋势，煤炭、石油消费占比也呈现降低趋势，进一步促使我国能源强度与碳强度的减少。

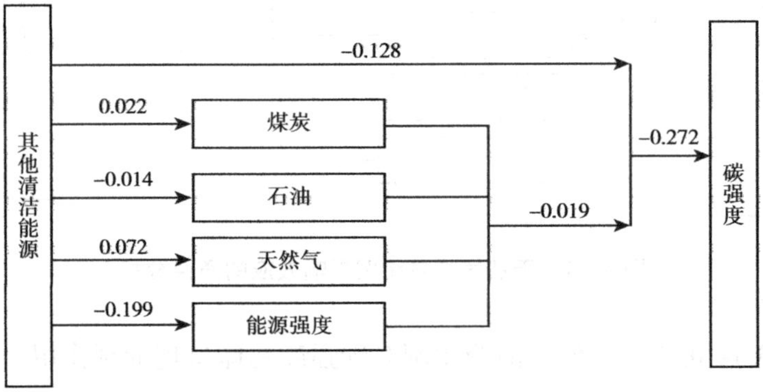

图 3.15 其他清洁能源消费比例影响效应的通径分析

由图 3.16 和表 3.5 可知，我国能源强度与碳强度具有密切相关性，同时也是促进我国碳强度上升最为关键的因素之一。在因素的直接影响方面，能源强度对碳强度上升的直接促进作用达 +0.738。在因素的间接影响方面，通过煤炭、石油、天然气、其他清洁能源消费占比对碳强度上升的间接促进作用达 +0.114。

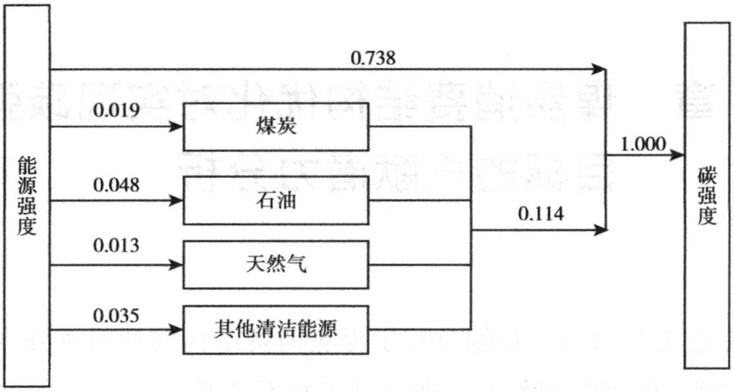

图 3.16　能源强度影响效应的通径分析

第4章　煤炭消费结构优化对实现碳强度目标的贡献潜力分析

第3章主要利用历史数据分析了煤炭消费结构变动对碳强度的影响，由于我国煤炭消费的刚性特征，所得结果并不显著。基于《“十四五”现代能源体系规划》，我国明确了节能减排优化方案，本章主要从煤炭消费产业结构、以煤为主的能源结构内部比例以及降低煤炭消费三个方面探究煤炭消费结构优化对实现碳强度目标的贡献潜力。

4.1　煤炭消费的产业结构优化对实现碳强度目标的灵敏度分析

4.1.1　建立碳强度目标灵敏度模型

由式（3.16）可知，$\sum \frac{C_j}{E_j} \times \frac{E_j}{E}$ 为单位能源消费产生的碳排放，在此分析煤炭消费产业结构对实现碳强度目标的贡献潜力，取 $j=1$，即 $\sum \frac{C_1}{E_1} \times \frac{E_1}{E}$ 为单位煤炭消费产业结构导致的碳排放量，解释为煤炭综合碳排放系数 CF，则 CF_i 为直接耗煤产业和间接耗煤产业的煤炭综合碳排放系数，取 $i=2$。式（3.17）可进一步转化为式（4.1）：

$$D_i = CF_i I \tag{4.1}$$

由于假设能源碳排放系数为既定数值，因此，CF_i 数值表示单位直接耗煤产业和单位间接耗煤产业的碳排放变动（煤炭综合碳排放系数）；I 表示能源强度（煤炭）。根据式（4.1），直接耗煤产业和间接耗煤产业的碳强度数值取决于 i 产业煤炭综合碳排放系数 CF_i 和能源强度 I 的变化。讨论当分别给予煤炭综合碳排放系数和能源强度细微变动时碳强度的变动趋势，基于此，依次对 CF_i、I 进行求导，结果如式（4.2）所示[105]：

$$TD_i^{CF} = \frac{\partial D_i}{\partial CF_i} = I_i \quad TD_i^{I} = \frac{\partial D_i}{\partial I} = CF_i \tag{4.2}$$

由于 CF_i、I 的数值均大于 0，因此，煤炭综合碳排放系数、能源强度和碳强度呈现相同的变化趋势，TD_i^{CF}、TD_i^{I} 测算结果主要反映了煤炭综合碳排放系数和能源强度对碳强度变动的贡献，数值越大表明对碳强度变动的贡献程度越高，反之，表示对碳强度变动的贡献程度越低。

为进一步研究煤炭综合碳排放系数和能源强度对碳强度变动的贡献，将两者的波动范围审定为 1 个百分点，基于此，假定当煤炭综合碳排放系数和能源强度变化范围为 1% 时，碳强度可表示为 TD_i^{CF}（1%）、TD_i^{I}（1%）。综上所述，煤炭综合碳排放系数和能源强度依次降低 1%，则碳强度的变化将减少 $0.01TD_i^{CF}$、$0.01TD_i^{I}$。

基于碳强度目标，定义煤炭消费综合碳排放灵敏度系数，简称煤炭消费灵敏度系数 $\phi_{i,t}^{CF}$、能源强度灵敏度系数 $\phi_{i,t}^{I}$，用以表示 2016～2025 年当煤炭综合碳排放系数、能源强度变动 1% 时，碳强度目标的灵敏度，如式（4.3）所示：

$$\phi_{i,t}^{CF} = \frac{TD_{i,t}^{CF}(1\%)}{45\% \, ID_{i,2005}} \quad \phi_{i,t}^{I} = \frac{TD_{i,t}^{I}(1\%)}{45\% \, ID_{i,2005}} \tag{4.3}$$

4.1.2　煤炭消费产业结构优化的灵敏度分析

《“十四五”现代能源体系规划》中明确提出，至 2025 年我国碳强度五年累计降低 18%，式（4.3）可表示为：

$$\phi_{i,t}^{CF} = \frac{TD_{i,t}^{CF}(1\%)}{18\% \, ID_{i,2015}}, \ \phi_{i,t}^{I} = \frac{TD_{i,t}^{I}(1\%)}{18\% \, ID_{i,2015}} \tag{4.4}$$

2016 年我国 GDP 达 743585 亿元，对应碳排放高达 26.18 亿吨 CO_2，我国煤炭消费直接耗煤产业产值约为 191629.8 亿元，对应碳排放高达 32.78 亿吨 CO_2，间接耗煤产业产值约为 182038 亿元，对应碳排放约为 18.63 亿吨 CO_2，每万元 GDP 排放 1.65 吨 CO_2。根据表 2.4、表 2.8 整理的 2016 ~ 2022 年我国直接、间接耗煤产业煤炭综合碳排放系数、能源强度指标，如表 4.1 所示。

表 4.1　　2006 ~ 2017 年产业煤炭综合碳排放系数和能源强度

年份		2016	2017	2018	2019	2020	2021	2022
整体	CF	2.5	2.4	2.2	2.0	2.0	2.0	2.0
	I	0.9	0.9	0.8	0.8	0.8	0.8	0.7
直接耗煤产业	CF_i	4.6	4.5	4.5	4.4	4.4	4.3	4.3
	I	1.2	1.2	1.2	1.1	1.1	1.1	1.1
间接耗煤产业	CF_i	4.9	4.9	4.8	4.8	4.8	4.7	4.7
	I	0.3	0.4	0.4	0.4	0.4	0.4	0.4

注：CF 为产业结构整体煤炭综合碳排放系数，单位：吨 CO_2/吨标准煤；CF_i 为直接、间接耗煤产业碳排放系数，单位：吨 CO_2/吨标准煤；I 为能源强度，单位：吨标准煤/万元。

结合式（4.4），测算 2016 ~ 2022 年我国产业结构整体、直接耗煤产业、间接耗煤产业的煤炭消费灵敏度系数及能源强度灵敏度系数，测算结果见表 4.2。由表 4.2 可知，研究期间能源强度灵敏度系数始终高于煤炭消费灵敏度系数，间接耗煤产业尤为显著。由此可知，我国《“十四五”现代能源体系规划》能源政策对于能源强度的约束可以促进我国碳减排目标的实现，但煤炭消费具有刚性特征，煤炭消费产业结构产生的碳减排作用影响微弱。我国产业结构整体、直接耗煤产业的能源强度灵敏度系数偏低，与煤炭消费灵敏度系数的数值差也较低，直接耗煤产业碳强度远大于间接耗煤产业，整体碳减排的核心在于以重工业为主的直接耗煤产业，但直接耗煤产业发展对煤炭消费的高度依赖性导致其阻碍能源强度对碳减排影响作用。综上所述，促进碳强度、能源强度下降的关键是对以煤为主的能源消费结构的优化。

表 4.2　2006 ~ 2017 年煤炭消费产业结构灵敏度系数和能源强度灵敏度系数

年份		2016	2017	2018	2019	2020	2021	2022
整体	$\phi_{i,t}^{CF}$	1.5	1.5	1.4	1.31	1.2	1.1	1.1
	$\phi_{i,t}^{I}$	8.9	8.1	7.6	6.9	6.3	6.0	6.1
直接耗煤产业	$\phi_{i,t}^{CF}$	3.0	2.7	2.2	1.3	1.2	1.1	1.1
	$\phi_{i,t}^{I}$	5.2	4.8	4.5	4.1	3.9	3.9	3.8
间接耗煤产业	$\phi_{i,t}^{CF}$	5.8	5.7	5.4	5.1	4.8	4.6	4.4
	$\phi_{i,t}^{I}$	62.0	61.4	60.1	55.7	55.1	54.3	60.3

注：$\phi_{i,t}^{CF}$为煤炭消费灵敏度系数，单位:%；$\phi_{i,t}^{I}$为能源强度灵敏度系数，单位:%；t 为年份。

4.2　能源结构内部优化对实现碳强度目标的贡献分析

4.2.1　建立碳强度灵敏度矩阵

由于核能、水电、可再生能源属于零碳能源且消费占比较低，因此将探究三者相加，组合为其他清洁能源，即能源结构包括煤炭、石油、天然气和其他清洁能源。设定 i(i = 1，2，3，4) 项能源占比对其产生的碳排放和 GDP 的产出弹性依次表示 f_i、γ_i，i 项能源消费占比和 j 项（j = 1，2，3，4 且 i≠j）能源占比的替代弹性公式为 γ_i/γ_j；设定 i 项能源占比下降 1%，则能源消费产生的碳排放相应减少 f_i；在不影响能源消费产出的情况下，提高 γ_i/γ_j 比例的 j 项（j = 1，2，3，4 且 i≠j）能源占比，会导致能源消费碳排放提升（$f_j\gamma_i/\gamma_j$）比例。综上所述，在不影响能源消费产出的状态下，当减少 1% i 项能源占比时，实现 j 项能源替代，则能源消费导致的碳强度减少（$f_i - f_j\gamma_i/\gamma_j$）[96]。基于此，应进一步测算煤炭、石油、天然气和其他清洁能源消费占比对碳强度及 GDP 的产出弹性。

（1）能源结构内部比例对碳强度的产出弹性。

基于上述分析，人类生产生活直接导致碳排放产生，能源消费则是我国最直接的碳排放源，因此，能源消费碳排放的测算公式如式（4.5）

所示：

$$C = \sum_{i=1}^{4} e_i f_i \tag{4.5}$$

其中，C 为能源消费碳排放；e_i、f_i 依次为 i(i = 1，2，3，4）项能源消费量（煤炭、石油、天然气、其他清洁能源）及对应的碳排放系数。

式（4.5）经公式转化，可得式（4.6）、式（4.7）：

$$C = E \times \sum_{i=1}^{4} ES_i f_i \tag{4.6}$$

$$\frac{C}{E} = \sum_{i=1}^{4} ES_i f_i \tag{4.7}$$

式（4.6）和式（4.7）中，E、C 为能源总量和碳排放总量；ES_i 为 i 项能源占比，可解释为能源消费结构；则 f_i 表示 i 项能源占比对碳强度的产出弹性。

根据分析可知，能源消费的碳排放系数采用既定数值，借鉴国家发改委能源所的实证分析数据可知，煤炭消费比例、石油消费比例、天然气消费比例、其他清洁能源消费占比对我国能源消费碳排放的产出弹性依次为 0.7476、0.5825、0.4436、0，可解释为当煤炭、石油、天然气、其他清洁能源消费比例均上升 1% 时，我国能源消费产生的碳排放提升 0.7476%、0.5825%、0.4436%、0。

（2）能源结构内部比例对 GDP 的产出弹性。

随着经济增长理论的发展，社会需求、资金投入、科技创新等因素逐步成为促进国民经济发展的主要影响因素。结合能源投入的 Cobb – Douglas 生产函数，能源结构内部比例对 GDP 的产出弹性如式（4.8）所示：

$$G = AK^{\alpha}L^{\beta}E^{\gamma} \tag{4.8}$$

其中，G 为经济产出，A、K、L、E 依次为科技创新、资金累积、人口规模、资源总量因素，α、β、γ 为科技创新、资金累积、人口规模、资源总量因素的产出弹性。由于能源消费结构对能源产出的影响效应，式（4.8）可表示为式（4.9）[106]：

$$G = AK^{\alpha}L^{\beta}E^{\sum_{i=1}^{4}\gamma_j ES_j} \tag{4.9}$$

式（4.9）经对数变换，得出式（4.10）：

$$\ln G = \ln A + \alpha \ln K + \beta \ln L + \left(\sum_{j=1}^{4} \gamma_j ES_j\right) \ln E \quad (4.10)$$

由经济学原理可知，人口规模、资金累积等要素数值关键受到原始 GDP 数值的制约，基于此，为全面有效探究煤炭、石油等能源的消费占比对国内生产总值的影响程度，采用滞后一期的 GDP 解释当期的人口规模、资本等要素；科技创新因素应考虑时间发展。构建回归方程如式（4.11）：

$$\ln G = \mu + \sigma \ln LG + \rho \ln T + \left(\sum_{j=1}^{4} \gamma_j ES_j\right) \ln E \quad (4.11)$$

其中，G、LG 依次为本期和滞后一期的 GDP，T 为科技创新，ES_j（j = 1，2，3，4）依次为 j 项能源占比，μ 表示随机扰动项，σ、ρ 表示待估参数。

能源投入的产出弹性如式（4.12）所示：

$$\frac{dG}{dE} = \frac{d\ln G}{d\ln E} = \sum_{j=1}^{4} \gamma_j ES_j \quad (4.12)$$

2006～2017 年我国煤炭、石油、天然气和其他清洁能源占比数据来源于《BP 世界能源统计年鉴 2019》，具体指标如表 3.2 所示。2006～2017 年我国 GDP（1978 = 100）、能源消费总量数据如表 3.1 所示。为克服多重共线性对测算结果的影响，结合岭回归方法对方程进行数据拟合。

通过 SPSS 16.0 分析，依次测算 ES_1、ES_2、ES_3、ES_4、LG、T 自变量的岭迹图 $ES_1(K)$、$ES_2(K)$、$ES_3(K)$、$ES_4(K)$、LG(K)、T(K)，以及决定系数的路径发展走势，如图 4.1、图 4.2 所示。

若 K = 0.2，ES_1、ES_2、ES_3、ES_4、LG、T 自变量的岭迹图及决定系数的下降趋势呈现稳定态势，得到的标准化岭回归方程如下：

$$\ln\hat{G} = 0.3629 \ln LG + 0.2248 \ln\hat{T} + (0.3313ES_1 + 0.0668ES_2 + 0.0466ES_3 + 0.0709ES_4) \ln\hat{E} \quad (4.13)$$

岭回归方程如下：

$$\begin{aligned} \ln G = &-1.5668 + 0.3636 \ln LG + 0.2953 \ln T + \\ &(-5.5424)\ (32.1827)\quad (13.0406) \\ &(0.0054ES_1 + 0.009ES_2 + 0.0088ES_3 + 0.0134ES_4) \ln E \\ &(25.1996)\quad (3.989)\quad (3.0183) \end{aligned} \quad (4.14)$$

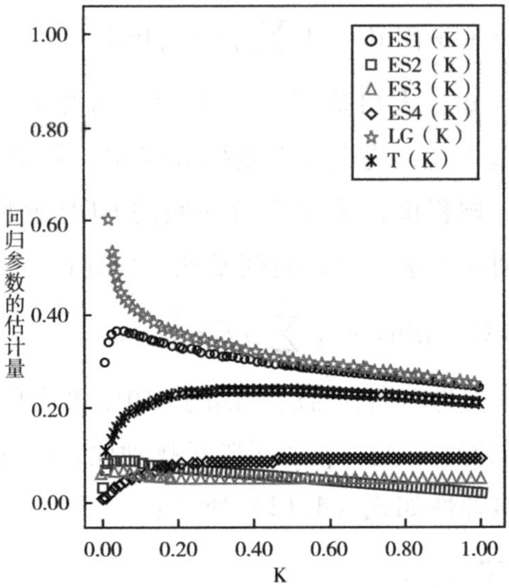

图 4.1　各自变量的岭迹图

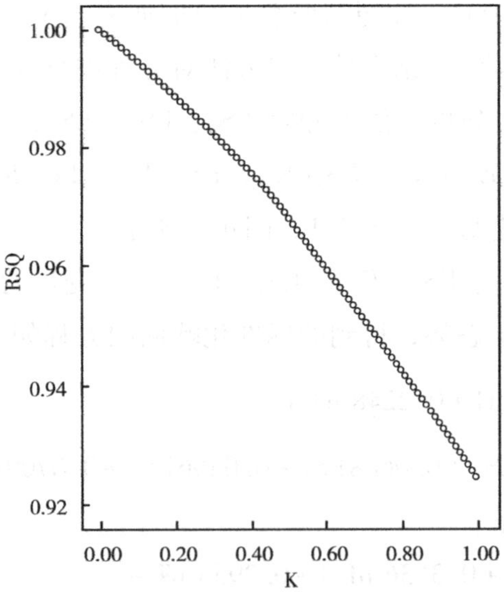

图 4.2　决定系数的变化

其中，方程决定系数 $R^2=0.9888$，可知 ES_1、ES_2、ES_3、ES_4、LG、T 自变量对因变量而言，具有较强的解释性，当显著性水平为 0.01 时，$F=427.6736>F_{0.01}(6, 29)=3.70$，$ES_1$、$ES_2$、$ES_3$、$ES_4$、LG、T 自变量回归系数对应 t 值，可参照式（4.14）中括号内数值，所有数值远大于 $t_{0.01/2}(29)=2.756$，满足显著性检验标准。

根据式（4.14），我国煤炭、石油、天然气、其他清洁能源消费占比对国内生产总值（GDP）的产出弹性结果依次为 0.0054、0.009、0.0088、0.0134，解释为当煤炭、石油、天然气和其他清洁能源消费占比依次提升 1% 时，导致的能源产出相应提高 0.0054%、0.009%、0.0088%、0.0134%。由此可知，其他清洁能源消费比例对我国产出的贡献程度最高，石油消费比例和天然气消费比例位居其次，煤炭消费比例的贡献程度相对较弱。

（3）碳强度灵敏度矩阵。

综上所述，有：

$f_1=0.7476$，　$f_2=0.5825$，　$f_3=0.4435$，　$f_4=0$；

$\gamma_1=0.0054$，　$\gamma_2=0.009$，　$\gamma_3=0.0088$，　$\gamma_4=0.0134$。

结合实证分析与理论描述，经过测算可知以煤为主能源结构变动的碳减排灵敏度矩阵（见表 4.3）。

表 4.3　碳强度灵敏度矩阵

	煤炭替代（+1%）	石油替代（+1%）	天然气替代（+1%）	其他清洁能源替代（+1%）
煤炭消费比例（-1%）	—	-0.3981	-0.4755	-0.7476
石油消费比例（-1%）	0.6635	—	-0.1289	-0.5825
天然气消费比例（-1%）	0.7748	0.1261	—	-0.4435
其他清洁能源消费比例（-1%）	1.8552	0.8673	0.6753	—

由表 4.3 可知，当我国煤炭消费占比下降 1% 时，采用石油、天然气、其他清洁能源的替代方式，则分别导致碳强度下降 0.3981%、0.4755%、0.7476%；当石油消费占比下降 1% 时，采用煤炭替代则导致碳强度提高 0.6635%，采用天然气、其他清洁能源等替代，则分别导致碳强度下降

0.1289%、0.5825%；当天然气消费比例下降1%时，采用由煤炭、天然气等替代，则分别导致碳强度提高0.7748%、0.1261%，采用其他清洁能源替代则导致碳强度下降0.5825%；当其他清洁能源消费比例下降1%时，采用煤炭、石油、天然气替代则依次导致碳强度提高1.8552%、0.8673%、0.6753%。基于碳灵敏度矩阵测算数据，降低煤炭消费比例、加强其他清洁能源消费比例对减少我国碳强度的效果最为明显，其次为削减石油消费比例、加强其他清洁能源消费比例，降低煤炭消费比例、加强天然气消费比例，削减天然气消费比例、加强其他清洁能源消费比例。

4.2.2 能源内部优化的贡献评估

我国能源消费结构中煤炭始终保持主导地位，煤炭消费所占比重高达60%以上，2016年我国能源消费结构为63.7∶18.3∶5.9∶12.1。参考我国节能减排原则，能源结构的内部优化应侧重于削减煤炭消费占比，大幅提升可再生能源消费占比。假设"十四五"规划中碳强度目标的完成，取决于大力削减煤炭消费占比，同时提高清洁能源占比。由表4.3可知，至2025年，煤炭消费占比应降低约7.42个百分点，所占比重达56.28个百分点；其他清洁能源消费占比应提升至29.59个百分点，这是不现实的。根据《"十四五"现代能源体系规划》要求，至2025年我国非化石能源消费比例应达20%左右，导致碳强度仅下降3.61%。由此可知，达成"十四五"碳减排目标关键在于大力压减煤炭消费占比的同时提升其他清洁能源、天然气、石油等消费比例，减少能源强度。

4.3 减少煤炭消费对实现碳强度目标的贡献分析

基于《"十四五"现代能源体系规划》提出我国在经济社会转型时期的工作重点，可知降低我国煤炭消费总量是实现节能减排目标的关键。因此，本部分主要探讨减少煤炭消费，从而顺利实施石油、天然气、其他清洁能源替代。

4.3.1　建立碳强度目标灵敏度模型

假设当煤炭消费量（E_1）下降 1% 时，碳排放削减 0.7476%，在不影响 GDP 持续发展的情况下，应提高 σ_{1j}（$j=2, 3, 4$，σ_{12}、σ_{13}、σ_{14} 依次为煤炭与石油、天然气、其他清洁能源的替代弹性）的其他能源 E_j，j 项能源碳排放系数等于既定数值 f_j，当煤炭消费下降 1% 时，实现 j 项能源替代会导致碳排放和碳强度分别下降（$0.7476-f_j\sigma_{1j}$）%。

超越对数生产函数适用于分析生产要素间的替代弹性。针对碳强度灵敏度分析，建立基于科技发展、能源投入、资金投入和劳动力水平的超越对数生产函数。其中，本期的投入数值采用基数法，考虑时间的连续性，用滞后一期的 GDP 代表资金、劳动力水平投入[107-110]；科技发展表明时间连续性。在已有研究成果的基础上，结合碳强度灵敏度的原理分析，超越对数生产函数可转换为式（4.15）[107,111]：

$$\begin{aligned}\ln G = {} & \tau + \tau\ln LG + \tau\ln T + \varphi_1\ln E_1 + \varphi_2\ln E_2 + \varphi_3\ln E_3 + \varphi_4\ln E_4 \\ & + \varphi_{12}\ln E_1\ln E_2 + \varphi_{13}\ln E_1\ln E_3 + \varphi_{14}\ln E_1\ln E_4 + \varphi_{23}\ln E_2\ln E_3 \\ & + \varphi_{24}\ln E_2\ln E_4 + \varphi_{34}\ln E_3\ln E_4 + \varphi_1\ln E_1\ln E_1 + \varphi_{22}\ln E_2\ln E_2 \\ & + \varphi_{33}\ln E_3\ln E_3 + \varphi_{44}\ln E_4\ln E_4 \end{aligned} \tag{4.15}$$

煤炭消费的产出弹性如式（4.16）所示：

$$\eta_1 = \frac{dG}{dE_1} = \frac{d\ln G}{d\ln E_1} = \varphi_1 + \varphi_{12}\ln E_2 + \varphi_{13}\ln E_3 + \varphi_{14}\ln E_4 + 2\varphi_{11}\ln E_1 \tag{4.16}$$

石油消费的产出弹性如式（4.17）所示：

$$\eta_2 = \frac{dG}{dE_2} = \frac{d\ln G}{d\ln E_2} = \varphi_2 + \varphi_{12}\ln E_1 + \varphi_{23}\ln E_3 + \varphi_{24}\ln E_4 + 2\varphi_{22}\ln E_2 \tag{4.17}$$

天然气消费的产出弹性如式（4.18）所示：

$$\eta_3 = \frac{dG}{dE_3} = \frac{d\ln G}{d\ln E_3} = \varphi_3 + \varphi_{13}\ln E_1 + \varphi_{23}\ln E_2 + \varphi_{34}\ln E_4 + 2\varphi_{33}\ln E_3 \tag{4.18}$$

其他清洁能源消费的产出弹性如式（4.19）所示：

$$\eta_4 = \frac{dG}{dE_4} = \frac{d\ln G}{d\ln E_4} = \varphi_4 + \varphi_{14}\ln E_1 + \varphi_{24}\ln E_2 + \varphi_{34}\ln E_3 + 2\varphi_{44}\ln E_4 \quad (4.19)$$

i 项能源与 j 项能源的替代弹性如式（4. 20）所示：

$$\sigma_{ij} = \left[1 + \frac{-\varphi_{ij} + \frac{\eta_i}{\eta_j}\varphi_{jj}}{-\eta_i + \eta_j}\right]^{-1}, \quad i,\ j = 1,\ 2,\ 3,\ 4,\ i \neq j \quad (4.20)$$

4. 3. 2　减少煤炭消费的贡献评估

2016 ~ 2022 年我国国内生产总值（1978 年不变价）、煤炭、石油、天然气、其他清洁能源消费量数据来源于《中国统计年鉴 2019》。为克服多重共线性的不良影响，结合岭回归方法对方程进行拟合。

基于 SPSS 16. 0 分析，可得岭迹图和决定系数的发展路径图，如图 4. 3、图 4. 4 所示。当 K = 0. 2 时，GDP、煤炭、石油、天然气、其他清洁能源消费自变量的岭迹图和决定系数的降低均保持缓慢发展状态。

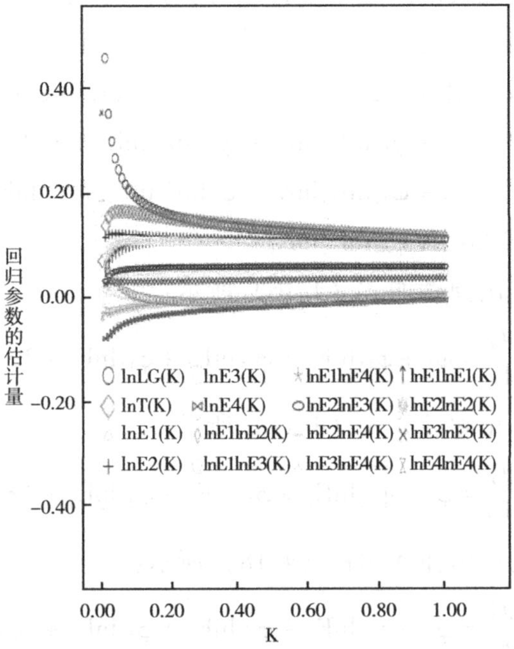

图 4. 3　各自变量的岭迹图

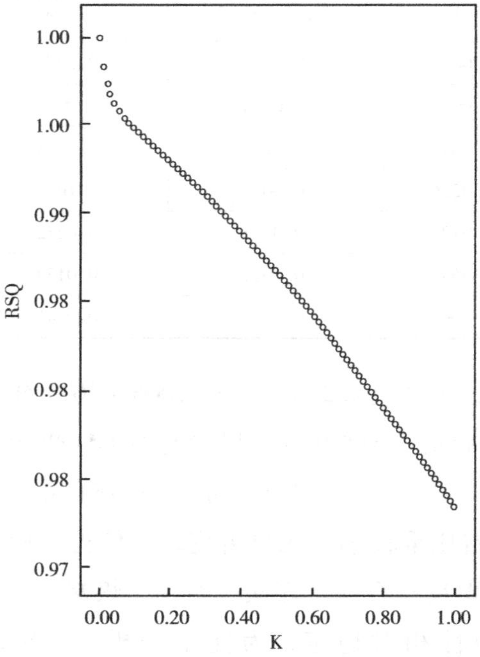

图 4.4　决定系数的变化

当 K = 0.2 时，测算得出岭回归估计结果，见表 4.4。决定系数 R^2 = 0.9926，F = 160.1347，可解释为该方程具有良好的拟合效果。

表 4.4　岭回归参数估计量

变量系数	回归系数	标准误差	标准化回归系数	T
τ	−0.4213	0.2132	0.0000	−2.4578
τ'	0.2356	0.0074	0.1562	17.1856
τ''	0.3626	0.0313	0.1674	7.6434
φ_1	0.2341	0.0137	0.1276	14.8453
φ_2	0.2545	0.0189	0.1268	11.7624
φ_3	0.0367	0.0314	0.0365	3.6234
φ_4	−0.0323	0.0068	−0.0326	−3.3351
φ_{12}	0.0253	0.0037	0.1125	163.3254
φ_{13}	0.0088	0.0078	0.0653	5.6645
φ_{14}	−0.0013	0.0024	−0.0067	−1.6549

续表

变量系数	回归系数	标准误差	标准化回归系数	T
φ_{23}	0.0053	0.0067	0.0473	8.6844
φ_{24}	-0.0002	0.0034	-0.0065	-1.0667
φ_{11}	0.0045	0.0034	0.1078	13.2113
φ_{22}	0.0236	0.0016	0.1032	10.3246
φ_{33}	0.0126	0.0015	0.0212	2.5647
φ_{44}	-0.0546	0.0021	-0.0134	-0.4564
φ_{34}	-0.0065	0.0023	-0.0045	-0.7657

根据式（4.16）至式（4.20），可得2006～2017年煤炭、石油、天然气、其他清洁能源等的产出弹性以及煤炭与石油、煤炭与天然气、煤炭与其他清洁能源的替代弹性，如表4.5所示。自2006年以来，我国天然气和其他清洁能源的消费比重较小且无显著变动，使得天然气和其他清洁能源的产出弹性远小于煤炭和石油。煤炭—石油、煤炭—天然气、煤炭—其他清洁能源的替代弹性相对稳定，为便于分析，分别取平均值0.9965、1.016、1.0148。

从表4.5可知，我国煤炭消费减少1个百分点分别完全由石油、天然气、其他清洁能源替代，将分别使碳强度降低0.1671%、0.297%、0.7476%。

表4.5　　能源消费的产出弹性及替代弹性

年份	产出弹性				替代弹性		
	煤炭	石油	天然气	其他清洁能源	煤炭—石油	煤炭—天然气	煤炭—其他清洁能源
2016	0.4343	0.5732	0.1911	-0.0416	0.9961	1.0162	1.0149
2017	0.4763	0.5779	0.2035	-0.0431	0.9968	1.0158	1.0148
2018	0.4943	0.5833	0.2047	-0.0434	0.9970	1.0156	1.0145
2019	0.4976	0.58764	0.2058	-0.0464	0.9972	1.0151	1.0143
2020	0.4756	0.5933	0.2135	-0.0461	0.9978	1.0147	1.0135
2021	0.4958	0.5935	0.2147	-0.0465	0.9980	1.0137	1.0133
2022	0.4934	0.5956	0.2154	-0.0471	0.9981	1.0136	1.0130

根据《“十四五”现代能源体系规划》，至 2025 年我国煤炭消费总量相较于 2016 年削减 10% 左右。由前述研究可知，当采用石油、天然气、其他清洁能源替代时，我国碳强度依次减少 1.671%、2.97%、7.476%，实现“十四五”规划设定 20.5% 碳减排目标的 8.15%、14.49%、36.47%。由此可知，我国应大力降低煤炭消费比重、碳排放总量，保证国内生产总值持续稳定发展，增强煤炭利用率和能源利用率，从而完成“十四五”规划的碳减排目标。

第 5 章　煤炭消费结构低碳化评价

由前面分析可知，煤炭消费刚性特征致使煤炭消费结构对碳强度变动的贡献相对较低，贡献程度尚不明确，但能源消费结构主要以煤炭为主，煤炭消费占绝对优势。煤炭消费结构调整的减排潜力较大，一方面，煤炭消费结构不仅受到经济增长、进出口贸易、产业结构、人口等子因素的影响；另一方面，在提倡低碳经济节能的形势下，还取决于节能和碳排放的条件约束。综上所述，煤炭消费结构低碳优化势在必行。针对一般对象评价方法，建立低碳化的煤炭消费结构评价指标体系，结合有针对性的定量方法，利用具体数值表示抽象化概念，更为直观地表达煤炭消费结构的合理程度。因此，建立合理有效的低碳化煤炭消费结构评价指标体系是进行模型优化的基本前提。

5.1　初始指标体系构建

评价的主要流程可归结为确定目标、建立准则、明确内容、衡量对象、获得结果。具体来说，建立准则是评价流程的关键步骤。相对完善评价指标体系的建立依赖于设立构建原则、评价指标体系以及测算指标权重。建立指标体系的核心为衡量指标权重，特别是对客观权重的把握与衡量，应以明确内容为构建前提。基于此，应采用测算权重的方法，构建合理有效的指标评价体系。

5.1.1　构建原则

构建合理有效的评价系统是评价煤炭消费结构低碳化的基本条件。不科学不可行的评价系统会导致评价过程难以顺利完成，从而使得评价结果无实际意义。而建立合理有效的评价指标体系能够全面客观地反映我国煤炭消费结构低碳化的现状及发展趋势。基于此，我国煤炭消费低碳化指标体系的构建应符合科学性、动态性、系统性、完备性与简洁性和可操作性等原则[112]。

（1）科学性原则。在可持续发展过程中，能源发展的影响因素间必然存在直接或间接关系，且低碳化的发展方式会涉及多种指标，即煤炭消费结构低碳化的评价指标众多，但由于各评价指标的相关程度不同，指标选取应侧重于评价体系中的关键因素，同时应考虑各指标要素之间的相互影响，基于系统整体选取有效反映我国煤炭消费结构低碳化程度，且相关度较高的指标要素。

（2）动态性原则。随着我国经济目标的动态发展、可持续发展方式的不断完善，煤炭消费结构的低碳化发展也是一个动态变化的过程，因而，对于煤炭消费低碳化水平的评价方法也应与时俱进。一方面，要及时反映当前我国“经济—能源—环境”协调发展现状；另一方面，需要呈现三者在不同发展阶段的动态变化水平和方向，以便于分析预测未来发展趋势。基于此，评价指标的选取需要反映动态煤炭消费结构低碳化的未来发展路径[113]。

（3）系统性原则。在评价指标选择方面需要全面有序，且符合逻辑，从而确定相应的目标层、准则层和指标层。具体而言，目标层主要明确评价目标，揭示我国煤炭消费结构低碳化水平，涵盖低碳产出、低碳能源、低碳排放三个方面；准则层侧重于呈现评价目标的审定标准，可包含国民经济产出、资源、污染物等多个因素，因此，应尽可能采用多个指标表示；指标层包括反映准则层相应审定标准的细分子指标。

（4）完备性与简洁性原则。构建基于“经济—能源—环境”的煤炭消费结构低碳化评价指标体系必定涵盖多种维度、多项指标及多个因素，因此，指标选取应符合完备性原则，体系构建须包括上述全部要素。为合理构建基于能源“经济—能源—环境”的煤炭消费结构低碳化评价指标体系，避免计量模型的内生性问题，在符合完备性原则的前提下，应采用较少的要素指标尽可能反映更多的评价信息，因此，评价指标的选取还应遵循简洁性原则。根据完备性与简洁性准则，确保“不重不漏”。

（5）可操作性原则。构建评价体系的目的在于得到评价结果，因此，我国煤炭消费结构低碳化评价指标体系的建立必须体现评价结果的测算，即应符合可操作性原则。可操作性原则体现以下几个方面，一是数据应具有可获得性，利用已有的参考文献，依靠数据调研等方式获取所需数据，由于当前我国对低碳化的目标约束大多以 2005 年为研究基期，因此建立煤炭消费结构低碳化评价指标体系应以 2006 年为起始年；二是指标具有代表性；三是应确定指标数量限值，由于构建评价体系又区别于预测过程，因此在构建评价体系时应多考虑相对值，选取过多的评价指标会增加指标评价过程的复杂程度。

5.1.2 指标选取

依据前述对煤炭消费结构低碳化内涵的理解，结合国内外学者对低碳化和煤炭消费结构体系的分析研究，考虑科学性、系统性、可操作性等原则，从“煤炭消费—产业结构—能源结构—低碳化”的角度，建立以煤炭消费结构低碳化为目标层，以低碳产出、低碳消耗、低碳排放为准则层，包含十三个具体指标的煤炭消费结构低碳化评价指标体系[114]，如表 5.1 所示。

表 5.1　煤炭消费结构低碳化评价指标体系

一级指标指标名称	二级指标指标名称	三级指标		
		指标名称	指标单位	指标方向
煤炭消费结构低碳化（A）	低碳产出（B_1）	碳效率（B_{11}）	万元/吨碳	（+）
		低碳产业占比（B_{12}）	%	（+）
		人均碳排放（B_{13}）	吨/人	（-）
		低碳技术（B_{14}）	亿元	（+）
	低碳消耗（B_2）	能源总量消费（B_{21}）	亿吨标准煤	（-）
		能源强度（B_{22}）	吨标准煤/万元	（-）
		能源综合碳排放系数（B_{23}）	吨碳/吨标准煤	（-）

续表

一级指标 指标名称	二级指标 指标名称	三级指标		
		指标名称	指标单位	指标方向
煤炭消费结构低碳化（A）	低碳消耗（B_2）	煤炭消费占比（B_{24}）	%	（-）
		天然气消费占比（B_{25}）	%	（+）
		可再生能源占比（B_{26}）	%	（+）
	低碳排放（B_3）	二氧化碳排放（B_{31}）	亿吨	（-）
		二氧化硫排放（B_{32}）	万吨	（-）
		烟尘排放（B_{33}）	万吨	（-）

（1）低碳产出。

保障国民经济平稳运行是推动低碳化最为重要的环节。一直以来，我国经济的稳步提升关键在于对能源消耗的高度依赖[96]。与此同时，经济产出的发展取决于 GDP、人口规模等因素。低碳产出（B_1）主要用碳效率（B_{11}）、低碳产业比重（B_{12}）、人均碳排放（B_{13}）、低碳技术（B_{14}）四个指标表示。具体来说，碳效率和人均碳排放用以说明单位碳排放的 GDP；产业结构表示现阶段我国低碳化的发展程度；低碳产业占比指标运用第三产业占比数值，这是由于第三产业属于间接耗煤产业，在产业结构中，第三产业主要以高新技术产业、信息产业、新能源产业为主；根据我国能源结构和经济发展的阶段性特征，低碳技术对于推进煤炭消费结构低碳化发展起着关键作用，基于此，以 R&D 投入反映低碳技术指标[115]。

（2）低碳消耗。

现阶段，煤炭消费导致的碳排放长期占碳排放总量的 90% 左右，是我国碳排放的主要来源，实现煤炭消费结构低碳化的关键在于降低煤炭消费比重，提高天然气和可再生能源等清洁能源消费比重[116]。低碳消耗（B_2）主要用能源总量消费（B_{21}）、能源强度（B_{22}）、能源综合碳排放系数（B_{23}）、煤炭消费占比（B_{24}）、天然气消费占比（B_{25}）、可再生能源占比（B_{26}）共六项指标表示。鉴于煤炭及各种能源对 GDP 和碳排放的产出弹性存在差异，因此，将低碳消耗作为准则层指标，一是能够对煤炭及能源消费总量和能源强度进行约束；二是有利于减少煤炭综合碳排放系数[117]。

（3）低碳排放。

煤炭消费结构低碳化是生态环境可持续发展的前提基础。狭义上的低碳排放是指控制二氧化碳排放总量。在广义层面，我国节能减排基本能源政策提出全面降低我国碳排放总量和大气污染排放总量的目标[118]。综上所述，低碳排放（B_3）作为准则层指标，主要包括 CO_2 排放（B_{31}）、SO_2 排放（B_{32}）、烟尘排放（B_{33}）三项指标。低碳排放主要反映现阶段我国煤炭消费结构的大气污染物排放情况。

5.2 评价方法

目前，针对指标评价层面的研究已相对完善，常见的评价方法主要包括倍数加权、对偶加权、AHP、模糊综合评价、主分量分析、Shapley 值法等。其中，倍数加权、对偶加权、AHP 评价法作为主观评价方法虽可反映统计数据的直观性以及评价过程的经验性，但在评价过程中，无法兼顾客观性，评价结果较为主观；相比较于前述方法，基于模糊综合评价、主分量分析、模糊综合评价、Shapley 值法的评价方法具有客观性，但评价过程较为单一。多数研究结合主观和客观的评价方法，对评价目标进行全面评价，但无法解决指标评价过程中的权值分配问题[119-120]。综上所述，运用最优组合赋权法，结合最小广义距离和最大熵原理，构建煤炭消费结构低碳化体系，对我国目前煤炭消费结构低碳化进展进行分析和评估。

5.2.1 指标标准化处理

根据表 5.1，将各项指标进行标准化处理，在此采用 Min - Max 标准化处理方法。表 5.1 中，正指标（+）和负指标（-）分别表示该指标的发展路径，具体而言，正指标（+）表示向前增长的指标，该指标值越大表明评价越好；相反，负指标（-）值越小则表明评价越好[121]。首先，对正指标和负指标分别进行标准化处理。

当j项指标为正时，第i年j项指标 x_{ij} 标准化后的值 x'_{ij}，如式（5.1）所示：

$$x'_{ij} = \frac{x_{ij} - \min x_{ij}}{\max_i x_{ij} - \min_i x_{ij}} \tag{5.1}$$

当j项指标为负时，x'_{ij} 值如式（5.2）所示：

$$x'_{ij} = \frac{\max_i x_{ij} - x_{ij}}{\max_i x_{ij} - \min_i x_{ij}} \tag{5.2}$$

5.2.2　单一方法赋权

（1）粗糙集理论赋权。

粗糙集理论研究过程大体概括为基于现有的数据集，针对未完善或尚待深层次挖掘数据集中的数据，用现有数据集来近似表示。结合粗糙集数据约简理论，对煤炭消费结构低碳化的评价指标进行约简，用以确定该指标是否为冗余指标，具体指标评价步骤为[117,122-123]：

第一步，属性划分。运用K-均值法对煤炭消费结构低碳化评价指标进行属性划分。

第二步，确定冗余属性。具体而言，对象集合U，等价关系 B_{ij} 的等价类为 U/B_{ij}。

设 $B=\{B_{ij}\}$，$B_i \subseteq B$，令 $ind(B_i) = \cap B_i = \{U/B_{i1}\} \cap \{U/B_{i2}\} \cap \cdots \cap \{U/B_{im}\}$。

当 $ind(B_i) = ind(B_i - \{B_{ij}\})$ 时，可知 B_{ij} 为冗余指标，可以删除；

当 $ind(B_i) \neq ind(B_i - \{B_{ij}\})$ 时，可知 B_{ij} 为必要指标，i=1，2，…，n。

第三步，指标依赖性计算。在构建评价指标体系的过程中，各指标并不是同等重要的，计算指标依赖度说明各项指标的重要性水平。B_{ij} 与 B_i 的依赖性通过重要程度 $\zeta_{B_{ij}}$ 表示，具体公式如式（5.3）所示：

$$\zeta_{B_{ij}} = \frac{\| POS_{matB}(ind(B_i)) - | POS_{multal}(ind(B_i - \{B_i\})) \|}{| U |} \tag{5.3}$$

其中，$|POS_{ind(B_i)}(ind(B_i - \{B_{ij}\}))|$ 为属性集 B_i 删除 B_{ij} 后可划分为

$ind(B_i)$ 的指标数量，B_i 权值 w_{ij}^1的计算公式如式（5.4）所示：

$$w_{B_{ij}}^1 = \zeta_{B_{ij}} / \sum_j \zeta_{B_{ij}} \tag{5.4}$$

（2）熵值法赋权。

熵值法作为客观赋权法，用以审定指标的离散程度，从而测算该指标的重要性[124]。运用熵值法对我国煤炭消费结构低碳化水平进行评价，具体步骤为：

第一步，计算指标比重。根据式（5.1）、式（5.2）对相关指标进行非负数化处理，避免熵值结果无意义，并测算各指标比重。第 i 年 j 项指标比重公式如式（5.5）所示。

$$x_{ij}^n = x_{ij} / \sum_i x'_{ij} \tag{5.5}$$

第二步，测算各项指标熵值。熵值计算公式如式（5.6）所示：

$$e_j = -\sum_i x_{ij}^n \ln x_{ij}^n / \ln n e_j = -\sum_i x_{ij}^n \ln x_{ij}^n / \ln n \tag{5.6}$$

第三步，计算各指标权值。指标权重公式如式（5.7）所示：

$$w_j^2 = \frac{1 - e_j}{\sum_j (1 - e_j)} \tag{5.7}$$

5.2.3 最优组合赋权

建立合理有效的评价指标体系的关键在于评价指标权重的确定，熵值法对指标差异度敏感性较大，粗糙集理论赋权和熵值法赋权均属于客观评价方法，避免了个人经验和主观意识的影响，具有相当的客观性但缺乏灵活性和全面性[125-126]。为避免上述评价方法的弊端，保证评价结果的科学有效，基于粗糙集理论和熵值法，构建最优组合赋权法对现阶段我国煤炭消费结构的合理性进行评价。

（1）组合权值。

结合粗糙集约简理论和熵值法赋权，可得两种赋权法下 j 项指标权值 w_j，组合权值如式（5.8）所示：

$$w_j = \sum_{p=1}^{2} v_p w_j^p \tag{5.8}$$

其中，$v_p(v=1, 2)$ 表示组合权系数，$v_1 + v_2 = 1$。

（2）组合权系数。

在此引入目标规划测算最优组合权系数[127]。假定目标规划理想点为 $O = \{O_1, O_2, \cdots, O_j\}$，则最优组合权系数表示该组合赋权与理想点广义距离最小，根据式（5.1）、式（5.2）可得 $O = \{1, 1, \cdots, 1\}$。该目标规划的目标函数如式（5.9）所示：

$$\min = \sum_i \sum_j \sum_p v_p w_j^p (1 - x_{ij}) \tag{5.9}$$

为使得粗糙集理论赋权和熵值法赋权的组合赋权结果具有可行性和有效性，最优组合权系数的目标函数应设立为熵值最大化，如式（5.10）所示：

$$\max = -\sum_p v_p \ln v_p \tag{5.10}$$

兼顾最小广义距离目标和熵值最大化目标，建立最优组合权系数模型：

$$\begin{cases} \min 0.5 \times \sum_i \sum_j \sum_p v_p w_j^p (1 - x_{ij}) + 0.5 \times \sum_p v_p \ln v_p \\ \sum_p v_p = 1 \\ v_p \geqslant 0 \end{cases} \tag{5.11}$$

结合 Lagrange theorem 法，组合权系数进一步表示为：

$$v_p = \frac{\exp\{-[1 + \sum_{i=1}^{n} \sum_{j=1}^{m} w_j^p (1 - x_{ij})]\}}{\sum_{p=1}^{3} \exp\{-[1 + \sum_{i=1}^{n} \sum_{j=1}^{m} w_j^p (1 - x_{ij})]\}} \tag{5.12}$$

5.3　综合评价

国民经济发展具有阶段性特征，我国节能减排目标的确定以 2005 年为基期，因此，对于煤炭消费结构低碳化评价应以有效性、可行性为前提，研究期间设定为2006～2017年，主要探究各项指标对我国现阶段煤炭消费结构低碳化的合理程度。

5.3.1 数据收集与处理

第三产业占比、R&D经费投入、能源消费总量、GDP、煤炭、天然气、其他清洁能源比重等数据均来源于《BP世界能源统计年鉴2019》，我国的SO_2排放和烟尘排放数据来源于《中国统计年鉴2019》。2006～2017年我国各指标数据见表5.2。

基于式（5.1）和式（5.2），可获得各项指标的标准化数据，如表5.3所示。

基于粗糙集属性约简步骤，利用SPSS 16.0软件的K－均值进行属性分类。测算权值，并通过SPSS 16.0统计软件中的K－均值聚类分析。各属性分类结果如表5.4所示。

5.3.2 权重计算

（1）粗糙集理论权重计算。

基于约简步骤，依次测算所有三级指标的等价类，从而明确各指标重要程度，见表5.5。根据以下等价类集合：

$U/ind(B_1-\{B_{11}\})\neq U/ind(B_1)$；

$U/ind(B_1-\{B_{12}\})\neq U/ind(B_1)$；

$U/ind(B_1-\{B_{13}\})\neq U/ind(B_1)$。

得出B_{11}、B_{12}、B_{13}、B_{14}属于B_1的不可省项，B_{21}、B_{22}、B_{23}、B_{24}、B_{25}、B_{26}属于B_2的不可省项，B_{31}、B_{32}、B_{33}属于B_3的不可省项。

基于式（5.3）、式（5.4），测算各三级指标的依赖程度（重要程度）和权值，对各三级指标进行加权计算，可得低碳产出、低碳消耗、低碳排放三项准则层的重要程度和权值，测算结果如表5.5所示。

表5.2 2006～2017年我国各指标数据

年份	碳效率	低碳产业比重	人均碳排放	低碳技术	能源消费总量	能源强度	煤炭综合碳排放系数	煤炭消费比重	天然气消费比重	其他清洁能源比重	二氧化碳排放	烟尘排放	二氧化硫排放
2006	0.38	0.49	4.43	196835.4	286467	1.31	2.47	72.4	2.7	7.4	58.17	1088.8	2588.8
2007	0.43	0.51	4.74	197454.2	311442	1.15	2.39	72.5	3	7.5	62.57	986.6	2468.09
2008	0.47	0.52	5.12	198653.9	320611	1.00	2.24	71.5	3.4	8.4	68	901.6	2321.2
2009	0.49	0.52	5.34	200145.7	336126	0.96	2.01	71.6	3.5	8.5	71.2	874.7	2214.4
2010	0.59	0.54	5.22	221400.6	360648	0.87	1.99	69.2	4	9.4	70.04	829.1	2185.1
2011	0.63	0.54	5.68	262261.7	387043	0.79	1.98	70.2	4.6	8.4	76.51	1278.8	2217.91
2012	0.68	0.55	5.87	295724.2	402138	0.74	1.98	68.5	4.8	9.7	79.54	1235.8	2118
2013	0.59	0.56	7.35	333288.4	416913	0.70	2.4	67.4	5.3	10.2	100	1278.1	2043.9
2014	0.65	0.57	7.24	366402.1	425806	0.66	2.33	65.6	5.7	11.3	99	1740.8	1974.42
2015	0.67	0.59	7.49	404945.5	429905	0.62	2.4	63.7	5.9	12.1	103	1538.1	1859.12
2016	0.69	0.62	7.63	457432.5	435819	0.59	2.45	62	6.2	13.3	97.85	1345.3	1759.33
2017	0.72	0.63	7.74	495129.8	449000	0.54	2.51	60.4	7	13.8	101.27	1128.3	16328.7

注：碳效率（万元/吨碳），人均碳排放（吨碳/人），低碳技术（亿元），能源消费总量（万吨标准煤），能源强度（吨标准煤/万元），能源综合碳排放系数（吨碳/吨标准煤），煤炭消费比重（%），天然气消费比重（%），可再生能源比重（%），二氧化碳排放（亿吨），烟尘排放（万吨），二氧化硫排放（万吨）。

表 5.3　　　　　　　　2006～2017 年各指标标准化数据

年份	B_{11}	B_{12}	B_{13}	B_{14}	B_{21}	B_{22}	B_{23}	B_{24}	B_{25}	B_{26}	B_{31}	B_{32}	B_{33}
2006	0.22	0.08	0.67	0.01	0.21	0.87	0.31	1.00	0.78	0.11	0.04	1.00	0.33
2007	0.28	0.27	0.16	0.01	0.30	0.76	0.15	1.01	0.17	0.03	0.16	0.83	0.17
2008	0.40	0.36	0.27	0.02	0.35	0.55	0.40	0.90	0.29	0.18	0.27	0.63	0.08
2009	0.45	0.36	0.34	0.03	0.44	0.51	0.40	0.91	0.31	0.23	0.34	0.49	0.05
2010	0.75	0.51	0.31	0.13	0.59	0.31	0.00	0.63	0.46	0.33	0.31	0.45	0.00
2011	0.89	0.51	0.44	0.32	0.75	0.17	0.08	0.75	0.63	0.20	0.45	0.49	0.49
2012	1.02	0.61	0.50	0.48	0.84	0.11	0.08	0.55	0.69	0.46	0.51	0.35	0.45
2013	0.76	0.73	0.95	0.66	0.92	0.07	1.02	0.43	0.83	0.56	0.94	0.25	0.49
2014	0.94	0.81	0.92	0.82	0.98	0.01	0.86	0.22	0.94	0.80	0.92	0.16	1.00
2015	0.99	1.01	1.00	1.00	1.00	0.04	1.00	0.02	1.01	1.01	1.03	0.00	0.67
2016	1.00	1.01	1.02	1.02	1.00	0.01	1.00	0.00	1.01	1.01	0.00	0.00	0.76
2017	1.02	1.03	1.02	1.02	1.02	0.00	1.02	0.00	1.01	1.01	0.00	0.00	0.75

表 5.4　　　　　　　　属性分类结果

年份	B_{11}	B_{12}	B_{13}	B_{14}	B_{21}	B_{22}	B_{23}	B_{24}	B_{25}	B_{26}	B_{31}	B_{32}	B_{33}
2006	2	1	1	2	3	2	1	2	3	1	3	3	2
2007	2	1	1	2	3	1	1	2	3	1	3	3	2
2008	2	1	1	2	3	1	1	2	3	1	3	3	2
2009	2	1	1	3	3	1	1	2	3	1	3	2	2
2010	1	3	1	3	1	1	3	1	3	2	3	2	1
2011	1	3	2	3	1	1	3	1	3	2	1	2	1
2012	1	3	2	3	1	2	3	1	2	2	1	2	1
2013	1	3	2	3	1	2	3	1	2	2	1	3	1
2014	3	3	3	1	2	2	2	3	2	2	2	3	1
2015	3	2	3	1	2	3	2	3	1	3	2	3	3
2016	3	2	1	1	2	3	2	1	1	3	2	1	3
2017	3	2	1	1	2	3	2	1	1	3	2	1	3

表5.5　粗糙集约简知识理论确定权值的结果

指标	(U, B_i)	U/B_i	U/ind (B_i - {B_{ij}})	重要程度	单层权值
低碳产出	U = {1, 2, 3, 4, 5, 6, 7, 8, 9, 10, 11} B_1 = {B_{11}, B_{12}, B_{13}, B_{14}}	U/B_{11} = {{1, 2}, {3, 4, 5, 6, 7}, {8, 9, 10, 11}}	{{1}, {2}, {3, 4}, {5, 6, 7}, {8, 9, 10}, {11}}	0.4545	0.2941
		U/B_{12} = {{1, 2, 3, 4}, {4, 5, 6, 7, 8, 9, 10, {11}}	{{1}, {2}, {3}, {4}, {5, 6}, {7}, {8, 9, 10, 11}}	0.3636	0.2353
		U/B_{13} = {{1}, {2, 3, 4}, {5, 6, 7, 8, 9, 10, 11}}	{{1, 2}, {3}, {4}, {5, 6}, {7}, {8, 9, 10, {11}}	0.1818	0.1176
		U/B_{14} = {1, 2}, {3, 4, 5, 6, 7}, {8, 9, 10, 11}}	{{1}, {2, 3,} {4}, {5, 6}, {7, 8, 9, 10}, {11}}	0.5455	0.3529
		U/ind(B_1) = {{1}, {2}, {3}, {4}, {5, 6}, {7}, {8, 9, 10}, {11}}		0.4332	0.3819
低碳消耗	U = {1, 2, 3, 4, 5, 6, 7, 8, 9, 10, 11} B_2 = {B_{21}, B_{22}, B_{23}, B_{24}}	U/B_{21}{{1, 2}, {3, 4, 5}, {6, 7, 8, 9, 10, 11}}	{{1, 2}, {3, 4}, {5}, {6, 7}, {8}, {9}, {10}, {11}}	0.1818	0.1429
		U/B_{22} = {{1, 2, 3, 4, 5}, {6, 7, 8}, {9, 10, 11}}	{{1}, {2, 3, 4}, {5}, {6, 7}, {8}, {9}, {10}, {11}}	0.2727	0.2143
		U/B_{23} = {{1, 2, 3, 4, 5}, {6, 7, 8}, {9, 10, 11}}	{{1}, {2}, {3, 4}, {5}, {6, 7}, {8, 9}, {10, {11}}	0.1818	0.1429
		U/B_{24} = {1, 2, 3, 4, 5}, {6, 7, 8, 9, 10, {11}}	{{1}, {2}, {3, 4}, {5}, {6, 7}, {8}, {9}, {10, 11}}	0.1818	0.1429
		U/B_{25} = {1, 2, 3, 4}, {5, 6, 7, 8, 9}, {10, 11}}	{{1}, {2}, {3, 4}, {5}, {6, 7}, {8}, {9, 10}, {11}}	0.1818	0.1429
		U/B_{26} = {1, 2, 3, 4, 5}, {6, 7}, {8, 9, 10, 11}}	{{1}, {2}, {3, 4}, {5}, {6, 7, 8}, {9}, {10}, {11}}	0.2727	0.2143
		U/ind(B_2) = {{1}, {2, 3, 4}, {5, 7, 8, 9, 10, 11}}		0.2208	0.1946

续表

指标	(U, B_i)	U/B_i	U/ind (B_i - {B_{ij}})	重要程度	单层权值
低碳排放	U = {1, 2, 3, 4, 5, 6, 7, 8, 9, 10, 11} B_3 = {B_{31}, B_{32}, B_{33}}	U/B_{31} = {{1, 2, 3, 4}, {4, 5, 6, 7, 8, 9, 10, {11}}	{{1, 2, 3}, {4, 7, 8, 9}, {5, 6}, {10, 11}}	0.6364	0.5
		U/B_{32} = {{1, 2, 3}, {4, 7, 8, 9}, {5, 6, 10, 11}}	{{1}, {2, 3, 4}, {5, 6, {7, 8, 9}, {10, 11}}	0.2727	0.2143
		U/B_{33} = {1, 2, 3, 4}, {7, 8, 9}, {5, 6} {10, 11}}	{{1}, {2, 3,}, {4}, {5, 6, 10, 11}, {7, 8, 9}}	0.3636	0.2857
		U/ind(B_2) = {{1}, {2, 3, 4}, {5, 7, 8, 9, 10, 11}}		0.4805	0.4235

测算可得 B_{11}、B_{12}、B_{13}、B_{14}的重要程度如下：

$$\xi_{B_{11}}=\frac{11-6}{11}\approx0.4545，\xi_{B_{12}}=\frac{11-7}{11}\approx0.3636；$$

$$\xi_{B_{13}}=\frac{11-9}{11}\approx0.1818，\xi_{B_{14}}=\frac{11-5}{11}\approx0.5455。$$

测算可得 B_{11}、B_{12}、B_{13}、B_{14}的权值如下：

$$\frac{\xi_{B_{11}}}{\sum_{j=1}^{4}\xi_{B_{1j}}}=\frac{0.4545}{0.4545+0.3636+0.1818+0.5455}\approx0.2941；$$

$$\frac{\xi_{B_{12}}}{\sum_{j=1}^{4}\xi_{B_{1j}}}=\frac{0.3636}{0.4545+0.3636+0.1818+0.5455}\approx0.2353；$$

$$\frac{\xi_{B_{13}}}{\sum_{j=1}^{4}\xi_{B_{1j}}}=\frac{0.1818}{0.4545+0.3636+0.1818+0.5455}\approx0.1176；$$

$$\frac{\xi_{B_{14}}}{\sum_{j=1}^{4}\xi_{B_{1j}}}=\frac{0.5455}{0.4545+0.3636+0.1818+0.5455}\approx0.3529。$$

根据前述计算方式，可获得 B_{21}、B_{22}、B_{23}、B_{24}、B_{25}、B_{26}权值依次为 0.1429、0.2143、0.1429、0.1429、0.1429、0.2143。

测算可得 B_{31}、B_{32}、B_{33}重要程度如下：

$$\xi_{B_{31}}=\frac{11-4}{11}\approx0.6364，\xi_{B_{32}}=\frac{11-8}{11}\approx0.2727，\xi_{B_{33}}=\frac{11-7}{11}\approx0.3636。$$

测算可得 B_{31}、B_{32}、B_{33}权值依次为 0.5、0.2143、0.2857。

最终可获得 B_1、B_2、B_3 的重要程度：

B_1 重要程度：$0.4545\times0.2353+0.3636\times0.2353+0.1818\times0.1176+0.5455\times0.3529\times0.4332$；

B_2 重要程度：$0.1818\times0.1429+0.2727\times0.2143+0.1818\times0.1429+0.1818\times0.1429+0.2727\times2143\times0.2208$；

B_3 重要程度：$0.6364\times0.5+0.2727\times0.2143+0.3636\times0.2857\times0.4805$。

测算可得 B_1、B_2、B_3 权值依次为 0.3819、0.1946、0.4235。

进而得出各具体指标的综合权值，以测算 B_{11}、B_{12}、B_{13}、B_{14}综合权值为例：

B_{11}综合权值：0.2941×0.3819×0.1182；

B_{12}综合权值：0.2353×0.3819×0.0899；

B_{13}综合权值：0.1176×0.3819×0.0449；

B_{14}综合权值：0.3529×0.3819×0.1348。

通过上述测算过程，即可获得其他指标综合权值，如表5.6所示。

表5.6　　煤炭消费结构低碳化指标权值

二级指标	粗糙集权值	熵权法权值	三级指标	粗糙集权值	熵权法权值	组合权值
低碳产出（B_1）	0.3819	0.1415	碳效率（B_{11}）	0.1123	0.1182	0.0973
			低碳产业比重（B_{12}）	0.0899	0.0676	0.0615
			人均碳排放（B_{13}）	0.0491	0.0757	0.0443
			低碳技术（B_{14}）	0.1348	0.0662	0.0836
低碳消耗（B_2）	0.1946	0.5247	能源总量消费（B_{21}）	0.0278	0.0884	0.0471
			能源强度（B_{22}）	0.0417	0.0441	0.0426
			煤炭综合碳排放系数（B_{23}）	0.0278	0.1037	0.0922
			煤炭消费比重（B_{24}）	0.0278	0.0799	0.0743
			天然气消费比重（B_{25}）	0.0278	0.0807	0.0608
			其他清洁能源比重（B_{26}）	0.0417	0.1169	0.0831
低碳排放（B_3）	0.4235	0.3338	二氧化碳排放（B_{31}）	0.2118	0.0815	0.1558
			二氧化硫排放（B_{32}）	0.0908	0.0484	0.0862
			烟尘排放（B_{33}）	0.1211	0.0327	0.0757

（2）熵值法权重计算。基于熵值法权值测算流程，即可获得各指标权值，如表5.6所示。

5.3.3　评价结果分析

通过煤炭消费结构低碳化评价指标权值以及研究期间指标的标准化数据，即可获得2006~2017年煤炭消费结构低碳化程度和低碳产出、低碳消耗、低碳排放三个准则层的发展趋势，如图5.1所示。

在煤炭消费结构低碳化总体水平方面，由图5.1可知，自2006年以

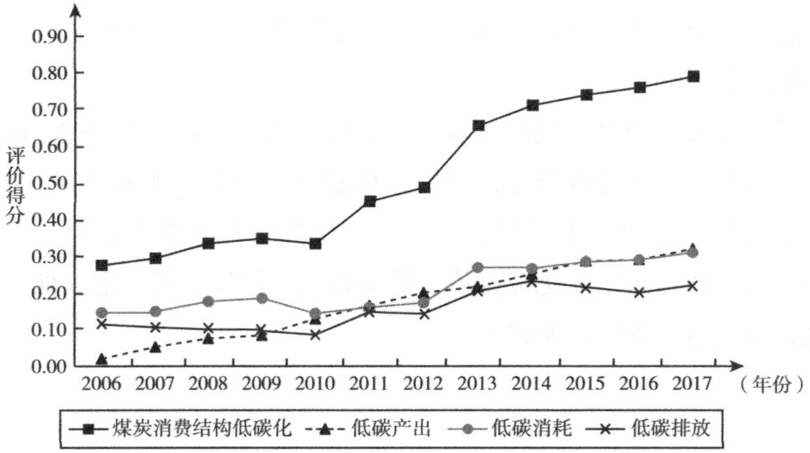

图 5.1　2006～2017 年煤炭消费低碳化水平变化

来，我国煤炭消费结构低碳化水平总体显著提升，年均增长率可达 15.76 个百分点，由此可见，近年来我国煤炭消费结构低碳化水平明显改善。具体而言，较 2010 年相比，2011 年我国煤炭消费结构低碳化水平减少约 8.72 个百分点，这是由于 2011 年我国 CO_2 和 SO_2 较 2010 年相比大幅提升 6.45 个百分点和 15.16 个百分点。

在低碳产出指标方面，由图 5.1 可知，2006～2017 年低碳产出指标增长态势显著，年均增速可达 19.21 个百分点，由此可知，着重促进低碳产业发展、大力研发低碳技术，进而增强碳效率，削减人均碳排放是实现低碳产出的发展方向。

在低碳消耗指标方面，我国低碳消耗指标在研究期间经历了两个阶段，具体而言，2006～2010 年低碳消耗指标无明显波动；自 2010 年以来，我国低碳消耗指标增加态势明显，年均增速为 42.65 个百分点，这是由于 2010 年我国能源消费总量增速减缓，煤炭消费占比出现急速减少趋势。与此同时，天然气、核能等清洁能源占比大幅提升，导致我国能源强度以及单位能源碳排放量出现平缓下降态势。

在低碳排放指标方面，自 2011 年开始，我国煤炭消费结构的污染排放情况无明显改善，这是由于自 2011 年开始我国 CO_2、SO_2 和烟尘污染物排放均呈现大幅提升态势，值得注意的是，较 2010 年，2011 年 SO_2和烟尘两者上升幅度显著，依次提升 15.63 个百分点和 56.32 个百分点。

测算权重。

由式（5.12）可知，最优组合权系数依次为 0.3641、0.3092、0.3267，煤炭消费结构低碳化评价指标的组合权值最终结果如表 5.6 所示。煤炭消费结构低碳化水平取决于二氧化碳排放、煤炭综合碳排放系数、碳效率、其他清洁能源比重、二氧化硫排放、低碳技术、煤炭消费比重、烟尘排放、天然气消费比重、低碳产业比重。

第6章　煤炭消费结构低碳优化模型构建及模拟

煤炭消费所特有的高排放量、高污染性促使我国将其作为节能减排的关键，在经济上升不受到影响的条件下，必须加大其他能源消费（比例）；在保证国民经济增长的条件下，根据煤炭消费结构低碳优化指标体系及其结论，能够确定目前我国煤炭消费结构低碳优化的主要方向及路径。综上所述，着重研究为实现“十四五”规划提出的减少和降低二氧化碳、二氧化硫等大气污染物排放总量，优化煤炭消费结构的路径和方法。

6.1　煤炭消费结构低碳优化的重点和目标

6.1.1　煤炭消费结构低碳优化的重点

结合第5章对于评价指标体系的构建可知，CO_2排放总量、煤炭综合碳排放系数、碳效率、其他清洁能源占比、SO_2排放总量、低碳技术、煤炭消费占比、烟尘排放总量、天然气消费占比指标是影响煤炭消费结构低碳化水平的重要因素。随着我国煤炭消费结构低碳化水平的提升，低碳排放呈现下降趋势，现阶段关键任务是如何优化煤炭消费结构，从而实现低碳排放。其主要包含以下方面：

（1）削减煤炭消费占比，增加天然气及可再生能源消费占比，减少煤炭综合碳排放系数。能源消费结构碳排放系数采用国家发改委能源所的研究成果。当碳排放系数既定时，煤炭综合碳排放系数则为煤炭消费低碳化的具体体现，在能源消费总量下降速度放缓的前提下，降低煤炭综合碳排放系数显得尤为关键。煤炭消费的高比重和高碳排放系数是导致我国煤炭综合碳排放系数较大的重要因素，因此，我国应在调整能源内部结构的同时，进一步减少煤炭综合碳排放系数。

（2）降低煤炭消费总量，减少煤炭消费污染排放。煤炭消费必然会导致大气污染现象，一定范围的大气污染能够通过生态系统的内部循环吸收消化，但生态系统消除范围有限，若超出相应范围，则导致更严重的大气污染物排放[128-130]。目前，我国处于工业化后期发展阶段，经济产出的增长速度在很大程度上仍取决于高耗煤产业，研究期间内我国的煤炭消费总数逐年递增。由于经济对化石能源的高依赖性，导致 CO_2、SO_2、烟尘等污染物的排放远高于生态系统的自身消除范围，因此，减少煤耗是优化我国煤炭消费结构的关键。为此，我国出台《“十四五”现代能源体系规划》，提出控能耗、控煤耗，少污染、高效率的战略性减排措施，与此同时，明确重工业、建材、运输等行业的可持续发展方向。

（3）通过科技创新，技术进步实现低碳经济发展，提升煤炭利用率。目前我国处于工业化后期发展阶段，国民经济发展难以摆脱对能源结构的依赖性，减少能源消耗必然会对经济增长产生一定影响。在稳定国民经济发展的前提下，优化煤炭消费结构，提高低碳化水平的关键体现在增强煤炭利用效率。由于我国的能源结构具有“煤多、油贫、气少”资源构成特性，导致在短时期内很难快速压减煤炭消耗占比以达到经济增长的目的。基于此，提升煤炭利用效率重要环节在于加快技术创新，着重提升清洁能源的科技创新能力，发挥煤炭与其他能源的技术替代作用。

6.1.2 煤炭消费结构低碳优化的目标

我国在《“十四五”现代能源体系规划》文件中明确阐明了能源体系建设的主体思想及阶段性目标，目前，我国应牢牢把握煤炭消费总量控制和能源消费总量控制约束，在保障经济产出增速的同时实现煤炭消费结构可持续发展。综上所述，我国煤炭消费结构优化的重点在于减少煤炭消费总量、控制能源消费导致的碳排放。

（1）节能目标。

随着我国工业化发展的不断成熟，产业结构逐渐实现转型升级，尤其是以高新技术产业为代表的间接耗煤产业，这一现象表明能源消耗和经济增长已逐渐实现“脱钩”，与此同时，经济增长对煤炭的依赖性仍然较强。

（2）碳减排目标。

低碳在一定程度上是指降低碳强度。《联合国气候变化框架公约》《京都议定书》相关文件指出，不强制规定发展中国家完成绝对减排任务，并根据该国家的碳排放情况完成相对减排任务。综上所述，降低每单位 GDP 排放的二氧化碳量是我国减排任务的主要目标，即我国煤炭消费结构优化的主要目标在于减少碳强度。

6.2 煤炭消费结构低碳优化模型构建

煤炭消费结构优化以节能减排为原则，因此，构建优化模型应以节能减排效应最大化为目标，兼顾经济增长，通过煤炭消费结构优化加以实现[131]。由前面分析可知，煤炭消费结构的低碳化受到经济增长、能源消费以及技术进步等子因素的影响，因此，在模型构建中也应考虑这些子因素的影响。

6.2.1 目标函数

（1）节能目标。

将能源消费总量最小化及能源强度最小化作为目标函数，具体如式（6.1）和式（6.2）所示：

$$\min E = \sum_{i=1}^{4} E_i \tag{6.1}$$

$$\min I = \frac{\sum_{i=1}^{4} E_i}{G} \tag{6.2}$$

式（6.1）和式（6.2）中，E、I 依次为能源消费总量、能源强度；G 为国民经济发展水平，具体指 GDP；E_i 为 $i(i=1, 2, 3, 4)$ 项能源消费量。

（2）碳减排目标。

碳强度表示单位 GDP 的碳排放量，将碳强度最小化作为目标函数，如式（6.3）所示：

$$\min D = \frac{\sum_{i=1}^{4} E_i f_i}{G} \tag{6.3}$$

其中，D 为碳强度；G 为经济产出，具体指 GDP；E_i 为 $i(i=1, 2, 3, 4)$ 项能源消费量，则 f_i 为其碳排放系数。

（3）节能控排目标。

综合考虑能源总量最小化、能源强度最小化和碳强度最小化目标，构建节能控排目标函数如式（6.4）所示：

$$\min B = \zeta_1 \cdot \frac{E}{E_0} + \zeta_2 \cdot \frac{I}{I_0} + \zeta_3 \cdot \frac{D}{D_0} \tag{6.4}$$

其中，B 为节能减排综合目标；E、I、D 依次为煤炭消费总量、能源强度和碳强度。为确保优化结果的有效性，避免 E、I、D 三个子因素间的异质性影响，将以上三个子因素分别除以其基期数值用以说明增长速度；E_0、I_0、D_0 解释基期煤炭消费总量、能源强度和碳强度；ζ_i 为分配系数，$\zeta_1 + \zeta_2 + \zeta_3 = 1$。

6.2.2 约束条件

（1）国民经济发展约束。

《联合国气候变化框架公约》《京都协议书》等文件对发展中国家的碳减排约束进行了详细阐述，对于我国而言，将推动国民经济发展、提高经济效益作为主要约束条件。目前，促进经济增长仍作为首要任务，煤炭消费结构的优化必须以完成经济和社会发展规划目标为前提。

$$G > G_t \tag{6.5}$$

其中，G、G_t 依次表示煤炭消费结构优化后的 GDP 和研究期间 GDP 规划值。Cobb - Douglas 原理表明，能耗与经济产出间并无线性关系，为探究时间动态发展对其他因素的影响，建立等式如式（6.6）所示[132]：

$$G = \phi T^{\kappa_0} \prod_{i=1}^{4} E_i^{\kappa_i} \tag{6.6}$$

其中，G 为 GDP；E_i 为 i(i = 1，2，3，4) 项能耗总量；φ 表示随机扰动项；k_0、k_i 分别表示待估参数。

（2）节能约束。

现阶段，我国正大力实施供给侧结构性改革这一战略性举措，产业结构、能源结构不合理等问题亟待解决，因此必须对煤炭消费结构进行优化。在减少煤炭消费、积极实现天然气及其他可再生资源的替代的同时，要降低能源消费总量。

$$\sum_{i=1}^{4} E_i \leqslant E_t \tag{6.7}$$

$$E_1 \leqslant E_{1t}, \quad E_3 \geqslant E_{3t}, \quad E_4 \leqslant E_{4t} \tag{6.8}$$

式（6.7）和式（6.8）中，E_i 为实现煤炭消费结构优化时 i 项能源消费量；E_t 为 2006 ~ 2017 年能耗总量约束值；E_1 为实现煤炭消费结构优化时的煤炭消费量；E_{1t}为 2006 ~ 2017 年煤炭消费总量约束值。以此类推，i = 3 为天然气消费，i = 4 为可再生能源消费。

（3）温室气体控排约束。

二氧化碳排放是表示温室气体排放的主要指标，采用碳强度（CO_2/GDP）表示。煤炭消费结构优化必须将控制二氧化碳排放作为约束条件。

$$D \leqslant D_t \tag{6.9}$$

其中，D 为实现煤炭消费结构优化时的碳强度；D_t 为 2006 ~ 2017 年碳强度约束值。

（4）能源结构约束。

节能减排政策指出了能源结构优化路径，具体为积极削减煤炭消费占比，增加太阳能、生物质能等可再生能源消费占比。综上所述，煤炭消费结构优化应遵循式（6.10）：

$$\frac{E_1}{\sum_{i=1}^{4} E_i} \leqslant S_{1t}, \quad \frac{E_3}{\sum_{i=1}^{4} E_i} \geqslant S_{3t}, \quad \frac{E_4}{\sum_{i=1}^{4} E_i} \geqslant S_{4t} \tag{6.10}$$

其中，S_{1t}、S_{3t}、S_{4t}依次为2006~2017年煤炭消费占比、天然气消费占比及可再生能源消费占比约束值。

（5）技术进步约束。

技术进步主要指能源创新技术，既定数量的能源使得经济增长提高，或既定的经济增长使得能源减少、能源利用效率增强。煤炭消费结构优化应将能源强度作为约束条件。

$$I \leqslant I_t \tag{6.11}$$

其中，$I(I = E/G)$ 为实现煤炭消费结构优化时能源强度数值；I_t 为2006~2017年能源强度约束值。

（6）正数约束。

随着社会经济的进一步发展，能源结构内部应发挥积极正向的作用。

$$E_i > 0 \tag{6.12}$$

基于上述目标函数和约束条件，构建我国煤炭消费结构低碳优化模型：

$$\min D = \frac{\sum_{i=1}^{4} E_i f_i}{G} \tag{6.13}$$

$$\text{s.t.} \begin{cases} G > G_t \\ \sum_{i=1}^{4} E_i \leqslant E_t \\ E_1 \leqslant E_{1t} \\ E_3 \geqslant E_{3t} \\ E_4 \leqslant E_{4t} \\ D \leqslant D_t \\ \dfrac{E_1}{\sum_{i=1}^{4} E_i} \leqslant S_{1t} \end{cases}$$

$$
\text{s. t.}\begin{cases}\dfrac{E_3}{\sum\limits_{i=1}^{4} E_i} \geqslant S_{3t} \\ \dfrac{E_4}{\sum\limits_{i=1}^{4} E_i} \geqslant S_{4t} \\ I \leqslant I_t \\ E_i > 0\end{cases}
$$

6.3　煤炭消费结构低碳优化模拟

本部分综合考虑国民经济发展和节能减排相关政策，将 2016 年设定为研究基期，全面分析我国“十四五”期间煤炭消费结构低碳化的变动趋势，对 2025 年的煤炭消费结构低碳化进行多目标优化。

6.3.1　参数设计与数据处理

（1）碳排放系数的确定。

由国家发改委能源所的研究成果（见表 2.3）可知，各项能源消费的碳排放系数如下：

$f_1 = 0.7476$，$f_2 = 0.5825$，$f_3 = 0.4435$，$f_4 = 0$。

（2）关系确定。

根据式（6.6），等式两侧进行对数变换，如式（6.14）所示：

$$
\ln G = \ln\phi + K_0 \ln T + \sum_{i=1}^{4} K_0 \ln E_i \qquad (6.14)
$$

自 2006 年开始，我国经济产出和能源消费的发展路径与之前年份相比，均呈现显著差异，以 2006 ~ 2017 年为研究期间，构建基于经济产出和能源总量的拟合方程，可得各变量呈高度相关性，基本高于 0.9 数值，结合岭回归法和 SPSS 16.0 平台对方程进行拟合，所得结果如图 6.1、图 6.2 所示。

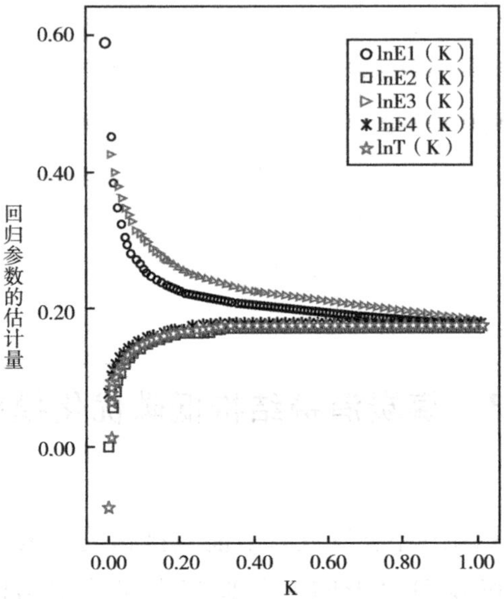

图 6.1　各自变量的岭迹图

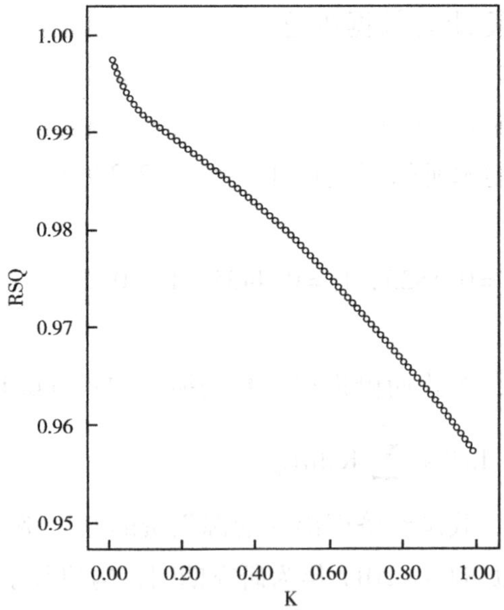

图 6.2　决定系数的变化

当 K = 0.2 时，得到各自变量的岭迹图和决定系数动态趋势图。岭回归方程如式（6.15）所示：

$$\ln G = 1.214 + 0.1364\ln T + 0.453\ln E_1 + 0.3206\ln E_2 + 0.1963\ln E_3 + 0.075\ln E_4$$
$$(2.1986)(6.2984)(9.3272)\quad(6.1031)\quad(8.6819)\quad(5.6781) \tag{6.15}$$

决定系数 $R^2 = 0.9942$，可知煤炭、石油、天然气、其他清洁能源占比对经济产出具有较强的解释能力；当显著性水平为 0.1 时，$F = 169.5448 > F_{0.1}(5, 10) = 2.52$，式（6.15）中对应的括号内依次为回归系数的 t 值，高于 $t_{0.1/2}(10) = 1.812$，通过显著性检验，方程拟合效果良好。

（3）GDP 规划值确定。

2016 年我国国内生产总值可达 686449.6 亿元，基于《中共中央关于制定国民经济和社会发展第十四个五年规划的建议》，在实行我国第十四个五年计划的关键时期，要求国内生产总值保持逐年稳定增长，且年均增长速度均在 6.5% 以上，2016 年我国经济整体增长速度达 6.7%。基于“十四五”规划，在此审定 2016 ~ 2025 年我国国内生产总值年均增速范围[6.7% − 7.5%]，相应的 2025 年国内生产总值范围在［949359.6 − 985487.2］亿元。

（4）节能规划值确定。

基于《“十四五”现代能源体系规划》，在实行我国第十四个五年计划的关键时期，能源消费总量应不高于 500000 万吨标准煤，其中，煤炭消费比重下降至 58% 以下，2016 年我国煤炭消费量达 273849 万吨标准煤，按规定的约束计算，2025 年煤炭消费量应达到 290000 万吨标准煤；2021 ~ 2025 年我国单位煤炭消耗占一次能源消耗的比例呈下降趋势，年均增长率最大值为 −0.2%，最小值为 −3.4%，在此审定 2021 ~ 2025 年煤炭消耗占比的年均增长率波动范围在［−3.4%，−0.2%］的值域范围内，则 2025 年我国煤炭消费总量应在 230354.55 ~ 271121.44 万吨标准煤。

根据《“十四五”现代能源体系规划》设定的规划值，至 2025 年，非化石能源消费量及天然气消费量应显著增加，可达煤炭消费增量的三倍。由此可知，在“十四五”期间，能源消费的主体逐渐向清洁能源方向转变，到2025年，我国可再生能源消费量占能源消费总量的比重要达到15%以上，因此，我国可再生能源消费总量高于75000万吨标准煤。

（5）CO_2排放总量规划值确定。

《“十四五”现代能源体系规划》指出，在实行我国第十四个五年计划的关键时期，我国总体碳强度较2005年相比下降40%～45%；2017年我国碳强度比2005年下降约46%，约为1.6吨/万元，2016～2022年我国碳强度增幅总体呈下降趋势，2017年有微弱上升趋势，但2017年我国整体碳强度达到2025年碳强度下降40%～45%的节能减排约束数值，碳减排下降趋势显著，我国节能减排措施实施效果良好。在此审定2025年碳强度较2016年下降46%～50%，即2025年我国碳强度波动范围在［1.48，1.6］吨/万元的值域内。

（6）能源结构约束。

《“十四五”现代能源体系规划》没有明确煤炭消费总量的上限，2025年我国煤炭消费占比不超过能源总量的58%，我国可再生能源消费占比不低于15%，天然气消费占比应大于10%。

（7）能源强度规划值确定。

《“十四五”现代能源体系规划》指出，在实行我国第十四个五年计划的关键时期，能源强度应进一步下降15个百分点，2016年我国能源强度可达0.5266吨标准煤/万元，通过计算得到，2025年该数值应低于0.4476吨标准煤/万元。

6.3.2 优化结果分析

针对最优能耗方案、最优能源强度方案以及最优碳减排方案，同时结合式（6.13），得出三种方案下2025年我国煤炭消费结构低碳优化结果，见表6.1。基于我国“节能减排”的发展思路，煤炭消费、能源强度、碳减排的平衡指数分别为0.35、0.35、0.3，根据节能减排综合方案，对该方案设定的目标函数进行优化，计算后结果列于表6.1中。

在最优能耗方案下，煤炭消费量约为250417.4万吨标准煤，将其控制在了 410000 万吨标准煤以内，所占比重约为 59.03%，与 2016 年相比下降约 7 个百分点。2025 年我国能源消费总量约达 487040.04 万吨标准煤，其中，石油消费量约达 90188.32 万吨标准煤，与 2016 年相比提升 14.63%，消费占比达到 18.5%，与 2016 年相比提升 0.02 个百分点；天然气消费量约达 68704 万吨标准煤，所占比重约为 10%，相较于 2016 年增加约 4.1 个百分点；其他清洁能源消费量约达 60737.6 万吨标准煤，所占比重约达 12.47%。2025 年我国国内生产总值约达 1155766.58 亿元，与预期值相比提高了 170279.39 亿元，较 2016 年提高 63.46 个百分点。单位产值的碳排放达 1.538 吨碳，与 2005 年相比下降 48 个百分点，在预期目标范围内。

表 6.1　　2025 年煤炭消费低碳优化结果

		最优能耗方案	最优强度方案	最优碳减排方案	平衡方案
煤炭	消费量/万吨标准煤	250417.4	250417.4	250417.4	250417.4
	比重/%	59.03	57.2	56.32	57.2
石油	消费量/万吨标准煤	90188.32	87041.54	85051.42	87041.54
	比重/%	18.5	20.22	18.35	20.22
天然气	消费量/万吨标准煤	48704	49236.2	49743.7	49236.2
	比重/%	10	10	10	10
其他清洁能源	消费量/万吨标准煤	60733.9	61939.17	76257.05	61939.17
	比重/%	12.47	12.58	15.33	12.58
能源消费总量/万吨标准煤		487040.04	489362.22	497436.7	489362.22
能源强度/吨标准煤/万元		0.4123	0.4007	0.4254	0.4007
碳强度/吨碳/万元		1.527	1.513	1.504	1.513

在最优碳减排方案下，煤炭消费量约达 250417.4 万吨标准煤，达到节能目标，相较于 2016 年减少 7 个百分点。2025 年我国能源消费总量约达 497436.7 万吨标准煤，其中，石油消费量约 85051.42 万吨标准煤，与 2016 年相比增长 8.1%，所占比重约达 18.5%，相较于 2016 年增加 0.02 个百分点；天然气消费量约达 49743.7 万吨标准煤，所占比重约为 10%，与 2016 年相比增加约 6.1 个百分点；其他清洁能源消费量约达 76257.05 万吨标准煤，所占比重约 15.33%。2025 年我国 GDP 达 1139537.95 亿元，与 2016 年相比，该数值提升 64.69 个百分点，较预期目标提高增加

145050.75 亿元。碳强度可达 0.44 吨标准煤，与 2016 年相比有明显下降，下降程度约 43.18%。单位产值的碳排放约为 1.526 吨碳，与 2005 年相比减少约 48.49%，在预期目标范围内。

在最优能源强度方案和平衡方案下，煤炭消费量约 250417.4 万吨标准煤，数值控制在 410000 万吨标准煤以内，相较与 2016 年降低约 8.56 个百分点，超出预期目标，所占比重约达 57.17%，与 2016 年相比降低约 11.4%。2025 年我国能源消费总量约 489362.22 万吨标准煤，其中，石油消费量约达 87041.54 万吨标准煤，相较与 2016 年增长了约 10.89 个百分点，所占比重约达 17.22%，相较于较 2016 年下降 1 个百分点；天然气消费量约 49236.2 万吨标准煤，所占比重约达 10%，相较于 2016 年增加 4.1%；其他清洁能源消费量约达 61939.17 万吨标准煤，所占比重约为 12.58%。2025 年我国 GDP 达 1220659.07 亿元，与 2016 年相比提升 77.82 个百分点，超过预期目标 534209 亿元。碳强度约 0.4 吨标准煤，相较于 2016 年下降约 36.13%，超出预期目标 26.5 个百分点。单位产值的碳排放约达 1.529 吨碳，与 2016 年相比减少约 48.39%，在预期目标范围内。

通过对几种方案进行对比可知，能源消费总量在最优能耗方案下达到最小，但与此同时，该方案下的煤炭消费占比偏大，满足“十四五”规划所制定的节能减排约束，就经济增长数值结果而言，该结果并未达到“十四五”规划的规定目标；在最优碳减排方案下，就能源结构内部比例而言，煤炭消费占比为最小，同时石油消费占比及对应的消费总量均可达到最小值，与其他方案相比，天然气消费量、其他清洁能源消费量及两者在能源消费总量的占比数值均达到最大，GDP 总量也为最大，初步满足“十四五”规划规定的能源结构约束，但该方案所产生的能源消费总量数值较大；结果对比表明，石油消费量及其占比在最优能源强度方案和平衡方案中均达到最大，能源强度为最小，其余指标数值处于最优能耗方案、最优碳减排方案对应数值范围内，表明该方案下我国“十四五”节能减排、经济增长等目标可圆满实现，由此判断该方案具有较强的科学性和有效性。

从优化结果可以看出：

（1）煤炭消费占比稳步下降。在上述四种方案下，煤炭消费占比由

2016 年的 62% 降至 2025 年的 60% 以下。煤炭消费总量呈现下降趋势，且远低于煤炭消费总量约束在 41 亿吨标准煤以内的要求。这主要是因为国家对于煤炭消费的严格限制，同时受益于国家对能源建设的政策支持和财政支持。相较于其他能源消费占比，我国煤炭消费占比仍然很高，因此，能源低碳发展的关键在于进一步增强煤炭利用效率，约束散煤排放，降低温室气体排放。

（2）石油占比稳步下降，天然气消费量占比显著上升。我国应大力推进使用新能源和清洁能源，包括电动车、燃气车等，从而降低对石油的需求量。同时应进一步加强天然气管网建设，从而保障天然气的供应能力，将天然气供应普遍推向于居民供暖领域，进而降低碳排放。

（3）其他清洁能源发展较快。在上述四种方案下，其他清洁能源占比从 2016 年的 13. 3% 发展至 2025 年的 14% 左右。因此，应大力推进我国其他清洁能源在能源消费中的比重，利用技术进步逐步替代传统能源。

第7章　煤炭消费结构低碳化的策略分析

中国的温室气体排放，尤其是二氧化碳排放长期受到国内外学术界的广泛关注，随着国民生活水平的提高以及国家层面对环境污染重视程度的提高，减少 CO_2 排放已成为必然。研究减少碳排放就要追根溯源，以上分析阐明，我国以煤炭为主的能源消费结构是二氧化碳排放的主要来源，煤炭消费结构的调整直接影响碳强度的变动。因此，只有从优化以煤为主的能源消费结构出发，才能合理有效控制减少二氧化碳排放。优化以煤为主的能源结构主要在于降低煤炭消费比重，提高天然气、其他清洁能源等低碳能源消费比重。但由于我国工业化的阶段性特征，使得经济增长对能源消费的依赖程度较高，尤其在煤炭消费方面，减少煤炭消费可能将在某种程度上对国民经济增长产生一定影响。综上所述，在保证国民经济稳步发展的基础上，调整能源消费结构，减少煤炭消费比重，加速耗煤产业的转型和升级，增加清洁能源的使用和新能源的研发是我国建设低碳化能源体系，实现绿色能源可持续发展的当务之急。解决这一问题，除了全体国民的共同努力以及国家政策的引导外，还应通过政府的宏观调控作用，进一步促进能源和产业的协调发展，调动社会一切积极力量，加大科技创新力度，为完成“十四五”规划节能减排目标而共同努力。

7.1　完善产业政策与能源政策

通过第 2 章对现阶段我国煤炭消费结构现状和碳强度现状的阐述，可知直接耗煤产业的碳排放量显著高于间接耗煤产业；第 3 章主要测算煤炭消费结构对碳强度变动的贡献，可知减少煤炭消费比例、增加清洁能源消费比例是碳强度下降的主要推动因素；第 4 章分析煤炭消费产业结构和以煤为主的能源结构对碳强度目标的贡献潜力，可知碳减排的主要力量在于调整以重工业为主的直接耗煤产业的发展方向，加强石油、天然气和其他清洁能源对煤炭的替代作用。因此，分别从完善产业政策和能源政策角度，对我国当前能源发展提出意见建议，以促进我国能源的可持续发展。

7.1.1　完善产业与能源政策引导和政策扶持

通过第 2 章、第 3 章、第 4 章对直接耗煤产业和间接耗煤产业的煤炭消费情况分析可知，优化煤炭消费的产业结构是抑制碳强度上升的关键因素，总抑制效应值可达 -0.856，主要体现在技术进步和人口两个间接抑制因素方面。因此，针对煤炭消费结构产业结构层面的政策制定需要明确各产业的优化重点，强调技术进步和人口因素在降低产业结构碳强度的作用。

（1）对于间接耗煤产业，应积极推动新能源产业、高新技术产业等低碳产业发展。

在技术进步因素方面，2006～2017 年我国直接耗煤产业碳强度高于间接耗煤产业，且高新技术产业等间接耗煤产业的煤耗量呈上升趋势，因此，应利用技术进步降低间接耗煤产业的煤耗总量，逐渐实现间接耗煤产业的转型升级。具体而言，鼓励新能源产业、信息技术产业等低碳低煤耗的间接耗煤产业发展，利用低碳化工、绿色生产等技术，降低生产流程中的煤炭消耗量和碳排放。在人口因素方面，从生产者角度来说，更应侧重于技术创新领域，提高间接耗煤产业的多元化水平。

（2）对于直接耗煤产业，调整高耗煤产业发展方向，积极推动高新技术产业发展。

近年来，随着我国国民经济的飞速发展，煤炭产能过剩问题逐渐显现，特别是以重工业为代表的直接耗煤产业产能问题尤为显著。从煤炭消费产业结构灵敏度分析可知，直接耗煤产业碳强度远大于间接耗煤产业，整体碳减排的核心在于以重工业为主的直接耗煤产业，但直接耗煤产业发展对煤炭消费的高度依赖性导致其阻碍了碳减排影响作用。其具体表现为：在可持续发展方面，煤炭产能过剩使得煤炭市场供求双方的关系发展极其不平衡，煤炭企业效益严重受损，从而导致行业效益下降，影响我国社会经济的可持续发展。在环境污染方面，产能过剩将进一步引发煤炭行业的高污染现象，进而增加温室气体排放。

基于此，应大力促进以重工业为主的高耗煤产业的绿色发展，同时制订相应的政策进行积极引导，规范能源消费结构使用标准。具体而言，在技术进步方面，一是加强直接耗煤产业的内控管理，对产能过剩行业的内部结构进行优化；二是加强科技创新，利用技术进步逐步替代低效率、低生产的传统技术；三是实行节能规划，严格监督高污染、高耗能产业产出。在人口因素方面，从消费者的角度来说，应节约生活消费的能源总量，提高煤炭消费多元化水平。

7.1.2 提高清洁能源比例

由第4章对煤炭消费产业结构和以煤为主的能源结构对碳强度目标的贡献潜力可知，我国应进一步加强石油、天然气和其他清洁能源对煤炭的替代作用。

（1）降低煤炭，提升石油、天然气、其他清洁能源在能源消费结构中的比重。

由通径分析可知，石油消费比例对碳强度降低的总促进影响达 -0.616，是碳强度上升的最为重要的阻碍因素，其他清洁能源消费占比属于我国碳强度上升较为关键的抑制因素，因此，应适当提高石油消费比例、清洁能源消费比例，进一步促进碳强度的降低。由天然气消费比例与其他清洁能源消费比例、煤炭消费比例的相关关系可知，当天然气消费占比增加时，其他清洁消费占比也显著提高，从而削减煤炭消费比例，因此，在能源消费总量的约束下，应调整能源结构比例，降低我国能源强度和碳强度。

（2）推动清洁煤使用。

我国煤炭资源丰富，储量高达6000亿吨，开采技术成熟、运输条件优越、便于储藏等特点导致煤炭价格相对较低，这在一定程度上促进了我国工业化的快速发展。但长期以来，政府对煤炭利用方式不够重视，加之较为宽松的监管形式导致煤炭产能严重过剩，产生了过多的劣质煤，导致大量的温室气体排放。目前，在“十四五”规划节能减排目标下，要实现我国煤炭消费结构的低碳化，应进一步削减煤炭在产业结构和能源结构中的消费总量，降低煤炭消费比重。由“十四五”规划可知，相较于“十三五”期间，2021～2025年煤炭消费总量降低10个百分点。与此同时，提高煤炭的开采、转换、运输、消费等环节的清洁性和高效性，对洁净煤技术进行进一步研发，同时加强对该技术的后续推广，从源头上提高煤炭洗选率，增强煤炭的清洁高效利用，积极推动煤转气和煤转电的实施。

（3）扩大清洁能源的供应渠道。

在水电方面的供应渠道方面，水电作为技术最成熟、开发技术最完备的可再生能源，做好电力分配与水电规划，可以进一步推动低碳环保政策的实施。在风电供应渠道方面，与太阳能发电成本偏高水电资源几近饱和相比，风力发电因其资源充沛且符合对绿色能源的要求，目前在全球范围内发展较快，已成为最受欢迎的能源之一。但陆地风能发电有占地面积大、噪声污染等局限性，海洋则成为迅速发展的风电市场，我国海域面积辽阔，海上风能资源丰富，海上风场建设技术已日趋成熟，海上风电将成为我国东部沿海地区可再生能源发展的重要来源。海上风电的利用必将推动风电技术的发展和产业升级，是调整能源结构促进节能减排目标实现的重要措施。海上风能开发可以与油、气开发技术相结合，多管齐下开发新的可再生能源，这样可以极大缓解全球能源趋紧状态，进一步促进沿海地区经济的快速发展。因此，政府应加大投资力度和政策支持力度，积极推动清洁能源技术的理论研究和实际应用，通过科技创新大幅降低清洁能源发电企业的生产成本，拓宽清洁能源的供应渠道，进一步提高市场竞争力。

7.2 完善环境政策

由第5章分析可知我国现有煤炭消费结构的合理程度，目前的煤炭消费结构使得低碳排放水平并没有得到明显改善，且煤炭消费结构低碳化水平取决于二氧化碳排放、其他清洁能源比重、低碳技术、煤炭消费比重、天然气消费比重、低碳产业比重等指标。以上指标的优化依靠科技引导和政策引导，因此，应侧重于发挥科技的作用，努力提高煤炭利用效率，创造有利的市场环境和政策环境。

7.2.1 依靠科技引导

提升煤炭消费结构低碳化水平在于发挥技术进步的作用，能源效率是碳排放的主要影响因素，且对碳排放产生抑制作用，随着能源效率的提升，其抑制作用愈加显著。国内外多数研究表明，实现碳减排的最佳途径是提高能源效率。基于低碳产出、低碳消耗和低碳排放三个方面探究提高能源效率的途径。

（1）在低碳产出方面，坚持煤炭清洁化，推广节能减排技术。

由第5章低碳产出指标分析可知，2006~2017年低碳产出指标增长态势显著，这意味着未来煤炭行业依靠技术引导促使其转型升级，实现煤炭清洁化发展是大势所趋。现阶段，碳捕捉和封存等技术日趋成熟，逐渐成为实现煤炭消费结构低碳化的关键技术。随着碳中和政策的提出，我国陆续做出相关举措，例如，四川省举办碳中和项目启动仪式，并构建相当规模的碳中和实践基地，山西省开创了我国首个碳中和实践培训的先河。可见，推广节能减排技术实现煤炭清洁化发展是大势所趋。目前，我国正处于“十四五”时期，我国应采取更多的举措，努力实现2030年前碳达峰、2060年前碳中和的目标。

（2）在低碳消耗方面，规划低碳化发展策略，努力实现能源替代。

2010年以来，我国低碳消耗呈增加明显态势，表明煤炭消费占比出现减少趋势，与此同时，天然气、核能等清洁能源占比大幅提升。因此，积极倡导、支持核心技术的开发与实施，在未来很长时期内，都应提高以煤炭消费结构低碳化水平，提高能源效率作为低碳技术发展的关键，如新能源开发技术、去碳化技术、煤高效利用技术等，通过技术进步、改革创新实现能源替代，鼓励清洁能源的普及应用，努力实现基于能源—产业的煤炭消费结构低碳化发展。

（3）在低碳排放方面，大力推动技术创新与改革，进一步降低单位GDP的能源消耗。

自2011年以来，我国煤炭消费结构的污染排放情况无明显改善，CO_2、SO_2和烟尘污染物排放均呈现大幅提升态势，因此，应依靠技术革新减少CO_2、SO_2等污染物的排放总量。一方面，要充分发挥重点行业、重要能耗产业的领先领导作用，推动节能技术的创新升级，增强对洁净煤生产、加工、转化、燃烧、排放过程中的技术支持和资金投入，减少大气污染物的排放；另一方面，对于高耗能高污染行业，淘汰落后的传统生产模式，积极引进先进生产技术，加强清洁能源的技术转化和应用，进一步激发高耗能高污染行业的节能减排潜力[133]。由于研发阶段的科技和资金投入量较大，而社会效益具有相对滞后性，因此，政府可以通过提供融资支持，利用经济、人才优势开发减排新技术。

7.2.2 完善碳税政策

提升煤炭消费结构低碳化水平在于创造有利的市场环境，通过实施碳税政策和完善碳排放权交易体系进一步推动低碳、绿色产业发展。从研究期间基于低碳产出指标、低碳消耗指标和低碳排放指标的分析可以看出，我国能源结构已经开始向低碳化方向发展，但由于煤炭消费的刚性特征使得CO_2、SO_2等污染物排放总量仍然很大，因此，应进一步完善碳税政策，进一步实现我国节能减排的目标。

在碳税的实施方面，应基于各行业的具体特征制订不同碳排放水平的征收标准。具体来说，对于碳排放量大、经济产出较高行业，如钢铁业、建材业，应针对高出减排技术的改造成本实行征收碳税政策，促进行业技术创新和低碳发展，推动企业提高能源利用效率，从而减少单位能源的污染强度；对于碳排放量大、经济产出较低的行业，如满足人民生活需求的煤炭消费，应实行严格的征收碳税政策，加强产业转型升级，积极鼓励企业能源的低碳化生产和使用；对于碳排放量较小的新能源行业、服务业等应实行税收减免政策，如制订加计扣除或投资抵免等优惠政策。

7.3 强化政府宏观调控作用

由第6章分析可知，政府在优化煤炭消费结构过程中起着至关重要的作用。我国煤炭消费结构低碳体系涵盖了整个社会经济体系，影响着社会经济的各个方面，由于我国工业化的阶段性特征，导致社会生产和人民生活对煤炭等传统能源的依赖性较强。相对于煤炭等传统能源，太阳能、风能等清洁能源的供应方式受限且成本普遍较高，削弱了市场在能源配置方面的作用。综上所述，有必要强化政府在煤炭消费结构低碳化进程中的调节作用，利用经济、政策、法律途径有序推进煤炭消费结构低碳优化工作。

第一，加强组织领导。成立专业的优化煤炭消费结构领导小组，统一协调部署优化煤炭消费结构的相关工作，协同各部门实行我国煤炭消费结构低碳优化措施以形成最佳可行性方案，并对各部门的任务目标进行细化分工，各部门有针对性地理论联系实际得出结论，根据调研结果，制订相应的研究方案。形成目标考核机制，若出现目标未完成情况，可实行部门问责制度，从而提高各部门对煤炭消费结构低碳优化工作的重视性。

第二，加强监督检查及专业人才培养。首先，重视人才培养及技术知识普及，用专业的理论知识结合各单位实际情况加大宣传和讲解力度，使高耗能产业认识到煤炭消费结构低碳化对社会环境和经济发展的重要性和统一性，并为减少煤炭消费实现低碳排放措施提供一定的技术支持；其次，加强监督检查力度，构建统计核算系统和健全奖惩机制，做到件件有落实、事事有检查，真正起到政府对企业在推进煤炭消费结构低碳优化工作中的调节、协作、服务和引领作用。

我国作为世界上最大的发展中国家，国民经济的健康发展和能源建设的可持续发展对社会进步起着至关重要的作用，经济发展在一定时期内离不开能源的支持。基于此，实现煤炭消费结构低碳化的关键在于利用洁净煤技术、能源替代技术以提高能源利用效率，积极推动风能、太阳能为主的可再生能源应用与发展，以达到优化煤炭消费结构，实现低碳经济发展的目的，这不仅停留于理论研究层面，更需要国家的战略决策与大力支持以及全体国民的努力实践。

第8章　结论及展望

8.1　结　　论

从煤炭消费的产业结构和以煤为主的能源结构角度研究煤炭消费结构变动对碳强度的影响，分析煤炭消费结构优化对实现碳强度目标的影响程度，根据节能减排目标对我国现有的煤炭消费现状进行调整，进而制订煤炭消费结构低碳化方案，为我国煤炭消费结构优化提供量化参考。本书通过研究内容得到的主要结论如下。

（1）提出了 Kaya 改进模型。结合 Kaya 恒等式从“产业—能源”角度构建碳强度因素分解模型。研究分析表明，煤炭消费比例、其他清洁能源消费比例是影响碳强度变化的主要因素，我国应侧重于优化调节煤炭消费结构，使煤炭消费结构趋于合理，进而降低能源消费总量，实现碳强度目标。

（2）提出了碳强度目标灵敏度模型。根据碳强度因素分解过程建立碳强度目标灵敏度模型和碳强度灵敏度矩阵，通过模型建立与分析 2025A 年我国煤炭消费减少 1 个百分点分别完全由石油、天然气、其他清洁能源替代，将分别使碳强度降低 0.1671%、0.297%、0.7476%。

（3）构建了煤炭消费结构低碳化水平评价指标体系。利用最优组合赋权探究 2006～2017 年我国煤炭消费结构低碳化水平。经评价分析我国现阶段低碳化水平逐渐提升，低碳产出和低碳消耗两条曲线呈上升趋势，但低碳排放曲线上升趋势不明显。

（4）构建了煤炭消费结构低碳优化模型。构建煤炭消费结构低碳优化模型，对 2025 年煤炭消费结构进行多目标优化。根据优化结果，最优能源强度方案，能够圆满完成“十四五”节能减排、经济增长的可持续发展目标。

8.2 展　望

现阶段，控制温室气体排放和能源消耗是稳定我国国民经济增长的主要环节，也是实现“经济—能源—环境”可持续发展的关键。随着我国社会经济的发展，产业与能源的内涵逐渐丰富，涵盖了社会、经济、人口规模、资源等子系统，尤其是两者与煤炭密切联系。由于地域、经济发展阶段、资源禀赋不同，各子系统间存在差异。此外，各子系统的内部影响因素、子系统间的复杂关系使得产业结构和能源结构的优化问题极具复杂性。鉴于此，本书未来的研究工作主要包含以下三个方面：

（1）节能减排目标下煤炭消费的产业结构及能源结构的优化问题极具复杂性，因此应进一步对结构效应的优化方法进行拓展，以更加全面、科学地确定煤炭消费的产业结构及能源结构的优化路径。

（2）要加强对三次产业结构的深度考察，从三次产业角度进一步挖掘其与煤炭消费的影响关系，加强对技术进步指标的相关数据追踪，构建更具可行性的煤炭消费产业结构及能源结构方向平台，从而更为直观地探究煤炭消费结构低碳化水平。

（3）未来可以展开对煤炭交易机制的研究。实现煤炭消费总量的降低，不仅依赖于政府对于能源政策的制定，还取决于经济与市场的协调手段。因此，应进一步完善煤炭交易机制，从而实现我国能源体系低碳绿色发展。

参考文献

[1] Luo H, Zhang B, Li L H, *et al.* Preliminary study of China's total coal consumption control scheme based on air pollution control [J]. Climate Change Research, 2016, 12 (03): 172 - 178.

[2] 林卫斌. 煤炭消费总量控制对策研究——数量管理、质量管理与价格管理 [J]. 价格理论与实践, 2016 (05): 30 - 34.

[3] Li B B, Liang Q M, and Wang J C. A comparative study on prediction methods for China's medium and long - term coal demand [J]. Energy, 2015 (93): 1671 - 1683.

[4] Yang X, and Teng F. The air quality co - benefit of coal control strategy in China [J]. Resources Conservation & Recycling, 2016, 2 (129): 373 - 382.

[5] 董聪.《巴黎协定》减排目标下中国产业结构与能源结构协同优化研究 [D]. 北京: 中国石油大学, 2018.

[6] 李鹏涛. 中国环境库兹涅茨曲线的实证分析 [J]. 中国人口·资源与环境, 2017 (S1): 22 - 24.

[7] 张军, 王圣. 我国煤炭消费总量控制政策阶段分析及思考 [J]. 环境保护, 2017, 45 (07): 44 - 46.

[8] 曲剑午. 碳排放约束下的中国煤炭总量控制目标研究 [D]. 北京: 中国矿业大学, 2012.

[9] 张有生, 苏铭. 严守资源环境红线控制煤炭消费总量 [J]. 宏观经济管理, 2015 (01): 43 - 47.

[10] 肖德, 张媛. 经济增长、能源消费与二氧化碳排放的互动关系——经济增长、能源消费与二氧化碳排放的互动关系 [J]. 经济问题探索,

2016 (09): 29 - 39.

[11] 李倩琪. 中国经济增长的煤炭依赖与解耦路径研究 [D]. 北京: 中国矿业大学, 2019.

[12] 张扬, 付凌波, 李薇, 等. 基于黑龙江省大气污染防治行动计划的温室气体减排核算 [J]. 中国人口·资源与环境, 2015, 25 (11): 333 - 336.

[13] 潘文卿, 刘婷, 王丰国. 中国区域产业 CO_2 排放影响因素研究: 不同经济增长阶段的视角 [J]. 统计研究, 2017, 34 (03): 30 - 44.

[14] 杨书娴. 河南省电力行业煤炭消费总量控制及其环境影响评估 [D]. 郑州: 郑州大学, 2017.

[15] 刘晓龙, 葛琴, 崔磊磊, 等. 中国煤炭消费总量控制路径的思考 [J]. 中国人口·资源与环境, 2019, 29 (10): 160 - 166.

[16] 谢和平, 吴立新, 郑德志. 2025 年中国能源消费及煤炭需求预测 [J]. 煤炭学报, 2019, 44 (07): 1949 - 1960.

[17] 杨武, 王贲, 项定先, 等. 武汉市煤炭消费总量控制目标与对策研究 [J]. 中国人口·资源与环境, 2018, 28 (07): 9 - 12.

[18] Ann P K, and Daniel M K. National trajectories of carbon emissions: analysis of proposals to foster the transition to low - carbon economies [J]. Global Environmental Change, 1998 (08): 183 - 208.

[19] Hwang J, and Yoo S. Energy consumption, CO_2 emissions, and economic growth: evidence from Indonesia [J]. Qual & Quant, 2014, 48 (01): 63 - 73.

[20] Shahbaz M, Mahalik M K, Shah S H, *et al.* Time - varying analysis of CO_2 emissions, energy consumption, and economic growth nexus: statistical experience in next 11 countries [J]. Energy Policy, 2016, 98 (S1): 33 - 48.

[21] Imran H, Babar A, and Imran S C. Carbon emissions across the spectrum of renewable and nonrenewable energy use in developing economies of Asia [J]. Renew Energ, 2019, 143: 586 - 595.

[22] Dinh H N, Andrew C, and Hadi F A. Nation - wide emission trading model for economically feasible carbon reduction in Japan [J]. Appl Energ, 2019, 255: 113869.

[23] Appiah M O. Investigating the multivariate granger causality between energy consumption, economic growth and CO_2 emissions in Ghana [J]. Energy Policy, 2018 (112): 198 - 208.

[24] 武义青，赵亚南. 河北省碳排放与能源消费和经济增长 [J]. 河北经贸大学学报，2015，36 (01): 123 - 129.

[25] 武红，谷树忠，周洪. 河北省能源消费、碳排放与经济增长的关系 [J]. 资源科学，2011，33 (10): 1897 - 1905.

[26] 李影. 地区能源利用、碳排放与经济增长——基于脱钩理论的实证分析 [J]. 工业技术经济，2015 (08): 31 - 39.

[27] 翟石艳，王铮. 基于ARDL模型长三角碳排放、能源消费和经济增长关系研究 [J]. 长江流域资源与环境，2013，22 (01): 94 - 103.

[28] 任晓航，王震，张雨濛. 中国碳排放、清洁能源与经济增长的实证研究 [J]. 中国人口·资源与环境，2015，25 (11): 6 - 9.

[29] 王仲瑀. 京津冀地区能源消费、碳排放与经济增长关系实证研究 [J]. 工业技术经济，2017 (01): 82 - 92.

[30] 杨子晖. 经济增长、能源消费与二氧化碳排放的动态关系研究 [J]. 世界经济，2011 (06): 100 - 125.

[31] 郑义，秦炳涛. 能源消费、碳排放与经济增长的关系研究 [J]. 科研管理，2016，37 (08): 130 - 139.

[32] 汪潇，汪发元. 能源工业投资、能源消费对经济增长的影响 [J]. 统计与决策，2019，35 (20): 133 - 136.

[33] Zhou C, Wang S, and Feng K. Examining the socioeconomic determinants of CO_2 emissions in China: a historical and prospective analysis [J]. Resour Conserv Recy, 2018 (130): 1 - 11.

[34] Kim Y, Yoo J, and Oh W. Driving forces of rapid CO_2 emissions growth: a case of Korea [J]. Energy Policy, 2015 (82): 144 - 155.

[35] Yuan R, Behrens P, and Rodrigues J F. The evolution of inter - sectoral linkages in China's energy - related CO_2 emissions from 1997 to 2012 [J]. Energy Econ, 2018 (69): 404 - 417.

[36] 张兵兵，朱晶，全晓云．技术进步与二氧化碳排放强度：理论与实证分析 [J]．科研管理，2017，38 (12)：41 - 48.

[37] 张翠菊，张宗益，覃明锋．能源禀赋、技术进步与碳排放强度——基于空间计量模型的研究 [J]．系统工程，2016 (11)：47 - 51.

[38] 王喜，张艳，秦耀辰．我国碳排放变化影响因素的时空分异与调控 [J]．经济地理，2016，36 (08)：158 - 165.

[39] 孙艳芝，沈镭，钟帅．中国碳排放变化的驱动力效应分析 [J]．资源科学，2017，39 (12)：2265 - 2274.

[40] 张伟，王韶华．产业结构变动的碳减排效应：动态累积与空间差异 [J]．经济评论，2015 (04)：31 - 44.

[41] Das A, and Paul S K. CO_2 emissions from household consumption in India between 1993 - 1994 and 2006 - 2007: a decomposition analysis [J]. Energy Econ, 2014 (41): 90 - 105.

[42] 方齐云，陶守来．基于人口与城镇化视角的中国碳排放驱动因素探究 [J]．当代财经，2017 (03)：14 - 25.

[43] Cruz L, and Dias J. Energy and CO_2 intensity changes in the EU - 27: decomposition into explanatory effects [J]. Sustain Cities Soc, 2016 (26): 486 - 495.

[44] Kerr D. Population growth, energy use, and environmental impact: comparing the Canadian and Swedish records on CO_2 emissions [J]. Can Stud Popul, 2014, 41 (02): 120 - 143.

[45] Shin S. An error - correction model on the determinants of CO_2 emissions of Korea [J]. The Korean Journal of Economic Studies, 2014, 62 (03): 5 - 28.

[46] Ozbugday F C, and Erbas B C. How effective are energy efficiency and renewable energy in curbing CO_2 emissions in the long run? a heterogeneous

panel data analysis [J]. Energy, 2015 (82): 734 - 745.

[47] Mert M, and Boluk G. Do foreign direct investment and renewable energy consumption affect the CO_2 emissions? New evidence from a panel ARDL approach to Kyoto annex countries [J]. Environ Sci Pollut R, 2016, 23 (21): 21669 - 21681.

[48] Moutinho V, and Robaina M. Is the share of renewable energy sources determining the CO_2 kwh and income relation in electricity generation [J]. Renewable and Sustainable Energy Reviews, 2016 (65): 902 - 914.

[49] Dutta C B, and Das D K. Does disaggregated CO_2 emission matter for growth? Evidence from thirty countries [J]. Renewable and Sustainable Energy Reviews, 2016 (66): 825 - 833.

[50] Meng L, Crijns G, Worrell E, *et al.* Impacts of booming economic growth and urbanization on carbon dioxide emissions in Chinese megalopolises over 1985 - 2010: an index decomposition analysis [J]. Energ Effic, 2018, 11 (01): 203 - 223.

[51] Johansson M T. Effects on global CO_2 emissions when substituting lpg with bio - sng as fuel in steel industry reheating furnaces - the impact of different perspectives on CO_2 assessment [J]. Energ Effic, 2016, 9 (06): 1437 - 1445.

[52] Jiang J, Ye B, Xie D, *et al.* Provincial - level carbon emission drivers and emission reduction strategies in China: combining multi - layer LMDI decomposition with hierarchical clustering [J]. J Clean Prod, 2017 (169): 178 - 190.

[53] Amri F. Carbon dioxide emissions, output, and energy consumption categories in Algeria [J]. Environ Sci Pollut R, 2017, 24 (17): 14567 - 14578.

[54] Baul T K, Datta D, and Alam A. A comparative study on household level energy consumption and related emissions from renewable (Biomass) and non - renewable energy sources in Bangladesh [J]. Energy Policy, 2018

(114): 598 - 608.

[55] Sterman J D, Siegel L, Rooney V, *et al*. Does replacing coal with wood lower CO_2 emissions? Dynamic lifecycle analysis of wood bioenergy [J]. Environ Res Lett, 2018, 13 (01): 215 - 220.

[56] 邓吉祥，刘晓，王铮. 中国碳排放的区域差异及演变特征分析与因素分解 [J]. 自然资源学报，2014，29 (02): 189 - 199.

[57] 韩晶，王赟，陈超凡. 中国工业碳排放绩效的区域差异及影响因素研究 [J]. 经济社会体制比较，2015 (01): 113 - 124.

[58] 马大来，陈仲常，王玲. 中国省际碳排放效率的空间计量 [J]. 中国人口·资源与环境，2015，25 (01): 67 - 77.

[59] 唐志鹏，刘卫东，宋涛. 基于混合地理加权回归的中国省域碳生产率影响因素分析 [J]. 资源科学，2017，39 (12): 2223 - 2232.

[60] 韩梦瑶，刘卫东，唐志鹏，等. 世界主要国家碳排放影响因素分析 [J]. 资源科学，2017，39 (12): 2420 - 2429.

[61] 赵巧芝，闫庆友，赵海蕊. 中国省域碳排放的空间特征及影响因素 [J]. 北京理工大学学报 (社会科学版)，2018，20 (01): 9 - 16.

[62] 邢国光. 能源结构的发展现状及其改善调整的研究 [J]. 广东化工，2017，44 (01): 73 - 79.

[63] 李南锟，李元实. 环保视角下能源结构调整的现状问题及政策建议 [J]. 环境影响评价，2017 (04): 1 - 3.

[64] Zhao S Q, and Shao L S. Analysis of the impact of a forecast of coal consumption on atmospheric environment [J]. Fresen Environ Bull, 2019, 28 (08): 6134 - 6139.

[65] 王锋，冯根福. 优化能源结构对实现中国碳强度目标的贡献潜力评估 [J]. 中国工业经济，2011 (04): 127 - 137.

[66] 王平，刘致秀，朱帮助. 能源结构优化对广东省碳强度目标的贡献潜力 [J]. 中国人口·资源与环境，2013，23 (04): 49 - 54.

[67] 何立华，杨盼，蒙雁琳. 能源结构优化对低碳山东的贡献潜力 [J]. 中国人口·资源与环境，2015，25 (06): 89 - 97.

[68] 殷秀清，张峰．环境规制、技术创新与制造业能源消费结构均衡度演变［J］．统计与决策，2019，35（24）：114－118.
[69] 梁琳琳，卢启程．基于碳夹点分析的中国能源结构优化研究［J］．资源科学，2015，37（02）：291－297.
[70] 范德成，王韶华，张伟．低碳能耗结构优化模型构建及实证分析［J］．哈尔滨工程大学学报，2013（07）：939－944.
[71] 李爽，曹文敬，陆彬．低碳目标约束下我国能源消费结构优化研究［J］．山西大学学报（哲学社会科学版），2015（04）：108－115.
[72] 柴建，周友洪，邢丽敏．多目标约束下中国能源结构调整方向［J］．系统工程，2016（09）：74－78.
[73] 翁智雄，马忠玉，葛察忠，蔡松锋，程翠云，杜艳春．不同经济发展路径下的能源需求与碳排放预测——基于河北省的分析［J］．中国环境科学，2019，39（08）：3508－3517.
[74] 陈心中．能源基础知识［M］．北京：能源出版社，1984：8－10.
[75] 林伯强，李江龙．环境治理约束下的中国能源结构转变——基于煤炭和二氧化碳峰值的分析［J］．中国社会科学，2015（09）：15－22.
[76] 唐志鹏，刘卫东，宋涛．基于混合地理加权回归的中国省域碳生产率影响因素分析［J］．资源科学，2017，39（12）：2223－2232.
[77] 莫神星．论低碳经济与低碳能源发展［J］．社会科学，2012（09）：41－49.
[78] 伍华佳．中国产业低碳化转型与战略思路［J］．社会科学，2011（08）：46－54.
[79] 谢菲，黄新建，姜睿清．我国现代物流业与经济低碳化协调发展评价［J］．江西财经大学学报，2014（03）：11－19.
[80] 陈兵，朱方明，贺立龙．低碳经济的含义、特征与测评：碳排放权配置的视角［J］．理论与改革，2014（11）：63－68.
[81] 靳祥锋．碳排放约束下的区域经济增长机制与对策研究——以山东省为例［D］．天津：天津大学，2017.
[82] 谢志祥，秦耀辰，沈威．中国低碳经济发展绩效评价及影响因素

[J]. 经济地理，2017，37（03）：1－9.

[83] Yu B Y, Yang X J, Zhao Q Y, *et al.* Causal effect of time－use behavior on residential energy consumption in China [J]. Ecol Econ, 2020, 175: 1－12.

[84] 汪明月，刘宇，钟超，等. 区域合作减排策略选择及提升对策研究 [J]. 运筹与管理，2019，28（05）：35－45.

[85] 张琳玲. 碳减排目标下城市交通出行结构优化与调控研究 [D]. 北京：中国矿业大学，2019.

[86] Zhang H L, Shen L, Zhong S, *et al.* Coal resource and industrial structure nexus in energy－rich area: the case of the contiguous area of Shanxi and Shaanxi provinces, and Inner Mongolia autonomous region of China [J]. Resour Policy, 2020, 66: 1－10.

[87] Wang B, Cui C Q, Zhao Y X, *et al.* Carbon emissions accounting for China's coal mining sector: invisible sources of climate change [J]. Nat Hazards, 2019, 99 (3): 1345－1364.

[88] Zhang M, Liu X X, Ding Y T, *et al.* How does environmental regulation affect haze pollution governance? An empirical test based on Chinese provincial panel data [J]. Sci Total Environ, 2019, 695: 133905.

[89] Abbas V, Jeremy N. Long－run effects of disaggregated renewable and non－renewable energy consumption on real output [J]. Appl Energ, 2019, 255: 35515－35530.

[90] 喻霞，王原. 基于碳排放情景模拟的上海市产业低碳化研究 [J]. 中国人口·资源与环境，2016，26：10－13.

[91] Cansino J M, Sanchez B A, and Rodriguez A M. How can chile move away from a high carbon economy [J]. Energ Econ, 2018 (69): 350－366.

[92] 李佛关，吴立. 基于 LMDI 法对碳排放驱动因素的分解研究 [J]. 统计与决策，2019，35（21）：101－104.

[93] 李想，吉敏全. 基于 LMDI 模型的三江源地区交通碳排放影响因素分析 [J]. 科技管理研究，2019，39（20）：246－250.

[94] 王小鸽. 中国不同尺度能源消费二氧化碳排放时空演变分析 [D]. 咸阳：西北农林科技大学，2019.

[95] 李根，刘家国，王晓敏. 基于 I－O 与 SVAR 模型的制造业完全能耗强度影响因素研究 [J]. 中国管理科学，2018，26 (12)：99－112.

[96] 赵硕嫱，邵良杉. 基于 MVO－SVR－AdaBoost 的中国煤炭需求量预测模型 [J]. 辽宁工程技术大学学报 (自然科学版)，2020，4 (39)：366－375.

[97] Joshua U, Festus V B, and Festus F A. Modeling the nexus between coal consumption, FDI inflow and economic expansion: does industrialization matter in South Africa [J]. Environ Sci Pollut Re, 2020, 27 (6): 10553－10564.

[98] Wang Q, Song X X, and Liu Y. China's coal consumption in a globalizing world: insights from multi－regional input－output and structural decomposition analysis [J]. Sci Total Environ, 2020, 711: 134790.

[99] Pereira A M, and Pereira R M. Reducing carbon emissions in Portugal: the relative roles of fossil fuel prices, energy efficiency, and carbon taxation [J]. J Environ Plann Man, 2017, 60 (10): 1825－1852.

[100] 李根，刘家国，李天琦. 考虑非期望产出的制造业能源生态效率地区差异研究——基于 SBM 和 Tobit 模型的两阶段分析 [J]. 中国管理科学，2019，27 (11)：76－87.

[101] 周彦楠，何则，马丽，等. 中国能源消费结构地域分布的时空分异及影响因素 [J]. 资源科学，2017，39 (12)：2247－2257.

[102] 徐建中，王曼曼，贯君. 动态内生视角下能源消费碳排放与绿色创新效率的机理研究——基于中国装备制造业的实证分析 [J]. 管理评论，2019，31 (09)：81－93.

[103] 王韶华，于维洋. 一次能源消费结构变动对碳强度影响的灵敏度分析 [J]. 资源科学，2013，35 (07)：1438－1446.

[104] 尹康. 常用统计软件关于岭回归计算原理的比较分析 [J]. 统计研究，2013 (02)：109－112.

[105] 刘晓红，江可申．能源强度、交通压力与雾霾污染——基于静态与动态空间面板模型的实证 [J]．系统管理学报，2019，28（06）：1161－1168.

[106] 马晓微，石秀庆，王颖慧，等．中国产业结构变化对能源强度的影响 [J]．资源科学，2017，39（12）：2299－2309.

[107] Zhao S Q, and Shao L S. Study on innovation of coal demand forecasting via combination model in China [J]. Fresen Environ Bull, 2020, 2 (29): 1075－1081.

[108] 艾明晔，李呈祥．要素替代及回弹效应视角下中国钢铁行业能源消费研究 [J]．软科学，2017，31（07）：6－10.

[109] Abada I, Briat V, and Massol O. Construction of a fuel demand function portraying interfuel substitution, a system dynamics approach [J]. Energy, 2013, 49 (01): 240－251.

[110] Luo Z, Bin H, Liu T, *et al.* Fine－tuning of molecular packing and energy level through methyl substitution enabling excellent small molecule acceptors fornonfullerene polymer solar cells with efficiency up to 12.54% [J]. Adv Mater, 2018, 30 (09): 1－8.

[111] Shao C, Ding Y, Siano P, *et al.* A framework for incorporating demand response of smart buildings into the integrated heat and electricity energy system [J]. IEEE T Ind Electron, 2017, 66 (02): 1465－1475.

[112] 王韶华．基于能源内部替代的降低煤炭消费比例对ESCEC的灵敏度分析 [J]．科技管理研究，2015（13）：234－240.

[113] Guo X R, Zhao L J, Chen D S, *et al.* Prediction of reduction potential of pollutant emissions under the coal cap policy in BTH region, China [J]. J Environ Manag, 2018, 225: 25－31.

[114] 刘婷婷．R&D投入、创新机制与经济增长——新技术指标体系下的理论分析与实证检验 [J]．南开经济研究，2017（03）：139－153.

[115] 潘宇瑶．自主创新对产业结构高级化的驱动作用研究 [D]．长春：吉林大学，2016.

[116] 张恪渝. 中国低碳经济优化模型建立与分析 [D]. 北京: 首都经济贸易大学, 2016.

[117] 周灵. 绿色“一带一路”建设背景下西部地区低碳经济发展路径——来自新疆的经验 [J]. 经济问题探索, 2018 (07): 184-190.

[118] 郭玲玲, 卢小丽, 武春友, 曲英. 中国绿色增长评价指标体系构建研究 [J]. 科研管理, 2016, 37 (06): 141-150.

[119] 孟凡生, 邹韵. 基于SPA-TOPSIS方法的能源结构优化程度评价 [J]. 运筹与管理, 2018, 27 (11): 122-130.

[120] Fan M W, Ao C C, and Wang X R. Comprehensive method of natural gas pipeline efficiency evaluation based on energy and big data analysis [J]. Energy, 2019, 188: 128-135.

[121] 彭张林, 张强, 杨善林. 综合评价理论与方法研究综述 [J]. 中国管理科学, 2015 (S1): 245-256.

[122] 牟瑞芳, 蔡其杰. 基于云模型及粗糙集理论的围岩稳定性分级方法研究 [J]. 安全与环境学报, 2018, 18 (04): 1251-1257.

[123] 张文修, 吴伟志, 梁吉业. 粗糙集理论与方法 [M]. 北京: 科学出版社, 2001: 50-83.

[124] 尹林子, 李乐, 蒋朝辉. 基于粗糙集理论与神经网络的铁水硅含量预测 [J]. 钢铁研究学报, 2019, 31 (08): 689-695.

[125] 殷欣, 刘泉声, 王心语, 等. 基于最优组合赋权的属性区间识别模型在岩爆烈度分级预测中的应用 [J]. 煤炭学报, 2019, 6 (05): 1-9.

[126] 许珊, 范德成, 王韶华. 区域产业结构与能源结构低碳关联评价 [J]. 哈尔滨工程大学学报, 2016, 37 (07): 990-996.

[127] 张宇杰, 蔺楠. 双元创新与商业嵌入对BOP创业企业成长的影响——基于熵值法研究 [J]. 软科学, 2019, 33 (10): 7-12.

[128] 迟国泰, 齐菲, 张楠. 基于最优组合赋权的城市生态评价模型及应用 [J]. 运筹与管理, 2012, 21 (02): 183-191.

[129] Shao L S, and Zhao S Q. China's spatial and temporal disparities in energy

efficiency and influencing factors [A]. The 9th International Conference on Sustainable Development in the Minerals Industry [C]. Sydney, 2019.

[130] Shao L S, and Zhao S Q. Research on Coal Demand Problem Based on System dynamics [J]. Process Integration and Optimization for Sustainability, 2018 (02): 383 – 390.

[131] 刘卫东，陆大道，张雷．我国低碳经济发展框架与科学基础 [M]. 北京：商务印书馆，2010：39 – 72.

[132] 段娜．效率视角下的中国电力行业节能减排策略研究 [D]. 天津：天津大学，2017.

[133] 邹璇，王盼．产业结构调整与能源消费结构优化 [J]. 软科学，2019，33 (05)：11 – 16.

后　记

时间如白驹过隙，几经寒暑，我的博士研究生涯即将结束。回首过去的学习之路，有奋斗、有汗水、有迷惘、有收获。盛年不重来，青春不复返，能在最美好的年华走进辽宁工程技术大学，在这里和孜孜不倦的老师们、奋发向上的同学们一起成长、进步，我的心中充满了感激之情。

首先，我要感谢母校——辽宁工程技术大学。在这里，我度过了本科、硕士、博士生涯，美丽的校园、严谨的学风和良好的氛围，这里的一切，已深深融入我的生命，成为不可或缺的一部分，并使我在未来的岁月里获益良多。我要感谢工商管理学院纪成君教授、路世昌教授、李乃文教授、沈玉志教授、周志强教授和李宝库教授对我博士学位论文的指导。

我要特别感谢我的导师，邵良杉教授。十分感谢邵良杉老师能选择我作为他的学生，能与治学严谨、学识渊博的老师攻读博士学位是我最大的荣幸。在我攻读博士学位期间，邵良杉老师为我的研究方向提供了宝贵的建议和悉心的指导。从论文的选题、到论文写作，再到最终的成文，老师不厌其烦地一遍遍地给我辅导和建议，并提出非常宝贵的意见。正是有了邵良杉老师的无数次的鼓励和悉心指导，论文才得以顺利完成。这其中的点点滴滴，都倾注了导师大量的心血。再次向您致以最真诚的谢意!

我还要感谢范宝学教授。感谢范宝学老师在生活中和科研中给予我的莫大帮助。在与范宝学老师相处的这段日子里，他用春风化雨般的人格魅力感染着我，无论是学术研究中的严谨和专业，还是为人处世中的和蔼与包容，都是我今后学习和生活的榜样和目标，我将为此不断奋斗，每一个今天都要有所进步，每一个明天都将成为更好的自己。

我更要感谢我的父母，感谢你们多年来对我的付出、鼓励和支持，感谢你们躬亲示范、以身作则，将我培养成为有梦想、敢追求、热爱生活、自信从容的人，我会笑对生活、砥砺前行，用加倍的努力回报你们的恩情！

作者

2023 年 3 月